Walter Michaeli
Helmut Greif
Hans Kaufmann
Franz-Josef Vossebürger
Professores do Instituto de Processamento de Polímeros (IKV), Aachen, Alemanha

TECNOLOGIA DOS PLÁSTICOS

Livro Texto e de Exercícios

Tradução:
Eng. Christian Dihlmann, M. Sc.
do GRUCON - Grupo de Pesquisa e Treinamento em Comando Numérico e Automatização Industrial,
Departamento de Engenharia Mecânica da Universidade de Santa Catarina, Florianópolis, Brasil

CB007608

TECHNOLOGIE DER KUNSTSTOFFE
A edição em língua alemã foi publicada por CARL HANSER
VERLAG, MÜNCHEN, WIEN
© 1992 por Carl Hanser Verlag, München, Wien

Tecnologia dos plásticos
© 1995 Editora Edgard Blücher Ltda.
1ª edição – 1995
8ª reimpressão – 2021

Blucher

Rua Pedroso Alvarenga, 1245, 4º andar
04531-934 – São Paulo – SP – Brasil
Tel.: 55 11 3078-5366
contato@blucher.com.br
www.blucher.com.br

Todos os direitos reservados pela Editora
Edgard Blücher Ltda.

FICHA CATALOGRÁFICA

Michaeli, Walter

   Tecnologia dos plásticos / Walter Michaeli
[et al.]; tradução Christian Dihlmann – São Paulo:
Blucher, 1995.

   Outros autores: Helmut Greif, Hans Kaufmann,
Franz-Josef Vossebürger

   Título original: Technologie der Kunststoffe.

   Bibliografia
   ISBN 978-85-212-0009-3

   1. Plásticos 2. Polímeros e polimerização
I. Michaeli, Walter II. Greif, Helmut. III. Kaufmann,
Hans IV. Vossebürger, Franz-Josef

04-8442   CDD-668.4

Índices para catálogo sistemático:
1. Plásticos: Tecnologia química   668.4

Trabalhando com o Livro Texto "TECNOLOGIA DOS PLÁSTICOS"

───────────────────

Introdução

Este livro texto e de exercícios introduz o leitor no mundo dos plásticos. A utilização do plural "plásticos" ao invés da forma singular "plástico" mostra que lidamos com uma série de diferentes materiais, que podem se diferenciar claramente em seu comportamento sob influência de calor ou na sua trabalhabilidade. Todavia, eles são todos classificados na classe de plásticos, pois são gerados sinteticamente, o que significa que são novos compostos e não são encontrados na natureza.

Lições

O livro Tecnologia dos Plásticos é dividido em unidades, que serão designadas por lições. Cada lição abrange um tema fechado. As lições tem tamanhos semelhantes e são apresentadas de forma que o leitor possa trabalhá-las em uma seqüência de aprendizado.

Perguntas Dirigidas

As perguntas dirigidas, apresentadas no início de cada lição, devem auxiliar o leitor a seguir pelo tema com determinadas perguntas, as quais devem ter sido respondidas ao final da lição.

Conhecimento Prévio

As lições não precisam ser estudadas em uma seqüência determinada. Por isso, cada lição apresenta, no início, quais lições ou conhecimentos são importantes para entendimento do conteúdo da lição em questão.

Assunto

As lições são agregadas por temas. No início de cada lição é exposto o tema ao qual a lição pertence.

Exercícios de Controle

Os exercícios ao final de cada lição servem para testar os conhecimentos aprendidos. Deve ser selecionada a resposta correta de uma série de respostas sugeridas e preenchidos os espaços em branco no texto em questão. O gabarito das questões pode ser encontrado no final do livro. Se a resposta escolhida for falsa, o assunto que diz respeito a ela deve ser novamente estudado.

Exemplo de um Compact Disk (CD)

Para melhorar o entendimento sobre plásticos e a compreensão do raciocínio, foi escolhida, como exemplo, uma peça de plástico que será citada em várias partes do livro. Sobre este produto será mostrado, por exemplo, por que um certo plástico serve especialmente bem para a produção de CDs e também questionado se este material pode ser reutilizável.

Anexo

O anexo oferece aos leitores interessados informações adicionais sobre plásticos. Com base na bibliografia selecionada, podem ser obtidas informações sobre literatura especializada. O glossário deve contribuir para um entendimento homogêneo dos termos utilizados e pode servir como um pequeno dicionário. As informações sobre formação dos profissionais da área de plásticos oferecem a possibilidade da exata compreensão sobre as tarefas destes profissionais e as diferentes áreas específicas bem como sobre as possibilidades de aperfeiçoamento e as chances de ascensão nesta área profissional.

Agradecimentos

Este livro é o resultado de um trabalho de equipe. Além dos autores, participaram: A. Fabian, O. Franssen, B. Heuel-Hömmen, S. Klöcker, S. Krebs, H.-P. Nürnberg und E. Panayides. Nossos agradecimentos especiais ao Prof. Gnauck pela análise crítica dos manuscritos.

Os autores desejam-lhe êxito no aprendizado com este livro.

Conteúdo ————————————————————

Índice

Plástico - Um Material Artificial?

Perguntas Dirigidas   Onde encontramos plástico em nosso dia a dia?
Desde quando o homem utiliza os plásticos?
De que material é fabricado o Compact Disk (CD)?

Conteúdo   Plásticos - Parte de nosso dia a dia
Plásticos - Materiais universais
Plásticos - Materiais recentes

Plásticos - Parte de Nosso Dia a Dia

Plásticos ...

A nossa volta o plástico tem-se imposto com certeza no uso diário. Nós não imaginamos nem no uso de potes para congelamento nen no uso de baldes em casa porque estes produtos são feitos de plástico.

Por que alguns baldes são de plástico e não de chapa metálica ou madeira, como antigamente?

... são leves

Neste sentido tem grande importância o peso. O balde de plástico é leve e estável o suficiente para o transporte de água. Então, por que utilizar um pesado balde de chapa?

Por que cabos elétricos são revestidos de plástico e não de porcelana ou tecido isolante?

... são isolantes elétricos
... podem ser flexíveis

O revestimento de plástico é mais flexível que porcelana e mais robusto que tecidos e isola o cabo tão bem ou melhor que estes.

Por que geladeiras são revestidas internamente com plástico?

... são isolantes térmicos

Porque o plástico por um lado é robusto e por outro conduz mal o calor, permitindo assim a melhor manutenção da baixa temperatura.

Por que o CD é feito de plástico?

... podem possuir boas qualidades óticas

Porque o plástico Policarbonato (PC) é tão transparente quanto o vidro e ao mesmo tempo é mais leve e não é quebradiço.

Deve-se considerar naturalmente, em todos os exemplos, também o preço. O uso de plásticos mostra-se normalmente como a solução técnica mais barata principalmente para produtos de massa. O porquê deste fato e quais os problemas a este associados, mas geralmente colocados em segundo plano (p. ex., eliminação do lixo), serão considerados mais a frente.

Plásticos - Materiais Universais

Madeira

Antes de o plástico ser conhecido, apenas a natureza fornecia materiais leves. Madeira deixa-se trabalhar facilmente, é firme e flexível e permite que seja moldada permanentemente com auxílio de processos especiais. Borracha natural, uma matéria-prima dos elastômeros, é elástica e deformável.

Borracha natural

Com as propriedades dos materiais naturais, o homem não podia resolver todos os problemas técnicos. Assim procurava-se por novos materiais, que preenchessem as propriedades necessárias. Os químicos avançaram com as pesquisas sobre a estrutura molecular de materiais naturais, como por exemplo a borracha, e apenas neste século chegaram ao ponto de produzir estes materiais artificialmente.

Materiais naturais

Os plásticos produzidos atualmente ultrapassaram em várias vezes as propriedades dos materiais naturais. Para as diferentes necessidades dispoem-se agora de materiais cujas propriedades suprem, de forma ideal, as respectivas aplicações.

Não se pode ver externamente, em uma peça de plástico, para que objetivo ela se presta. Para tanto seria necessário que se conhecesse algo sobre a estrutura interna do material. Assim seria possível obter, por exemplo, informações sobre densidade, condutibilidade, permeabilidade ou solubilidade, que são chamadas de propriedades específicas do material.

Propriedades

Plásticos - Materiais Recentes

A passagem planejada de materiais naturais para os atualmente conhecidos como "polímeros" iniciou no século passado, mas um significado econômico só foi obtido nos anos 30 deste século, quando o prof. Hermann Staudinger desenvolveu o modelo estrutural dos polímeros. O químico alemão H. Staudinger (1881-1965) recebeu o prêmio nobel de 1953 por estas pesquisas.

Modelo estrutural dos plásticos

A prosperidade mundial da indústria do plástico iniciou após a 2ª Guerra Mundial. No princípio era utilizado o carvão como matéria-prima. Apenas em meados dos anos 50 aconteceu a substituição por petróleo. A vantagem desta substituição estava em que se poderia aproveitar racionalmente aquela parcela do refino, até aquela época sem valor, que no craqueamento (to crack = quebrar) do petróleo era utilizada como produto secundário. O forte crescimento da produção de plásticos foi parcialmente freado durante a crise do petróleo de 1973. Todavia este material apresenta até hoje um desenvolvimento dinâmico acima da média.

Prosperidade mundial

Entretanto, o uso dos plásticos só será ótimo quando se determinar suas características especiais. Justamente na substituição de materiais clássicos como madeira ou metal, a composição do plástico deve ser feita corretamente, para que se possa aproveitar as várias vantagens deste material.

Os processos de fabricação adequados e os valores característicos correspondentes do material devem, da mesma forma, ser conhecidos.

Compact Disk (CD)

A maneira de proceder a correta composição do plástico é condicionada por um conhecimento básico dos processos de fabricação bem como do comportamento do material. Com este livro deverá ser apresentado um panorama genérico inicial sobre o tema plásticos. Desta forma será apresentada a trajetória de um produto moderno, de plástico, desde sua matéria-prima, o petróleo, até sua situação de lixo. O produto escolhido foi o Compact Disk (CD), que serve de forma adequada como um produto de alta tecnologia, e que nos acompanhará ao longo do livro como um exemplo de utilização moderna do plástico.

Fundamentos dos Plásticos

Perguntas Dirigidas Como os plásticos podem ser definidos?
A partir de que se produz os plásticos?
Como se dividem os plásticos?
Como é composto quimicamente um plástico simples?
De que material plástico é fabricado o CD?
Os plásticos são reaproveitáveis?
Que qualidades possuem os plásticos?
Onde estão sendo utilizados os plásticos?

Assunto Fundamentos dos Plásticos

Conteúdo 1 O que são "plásticos"?
2 A partir de que se produz os plásticos?
3 Como se dividem os plásticos?
4 Como são codificados os plásticos?
5 Que propriedades físicas possuem os plásticos?

Exercícios de Controle da Lição 1

1.1 O que são "plásticos"?

Designação genérica

O nome "plástico" não se refere a um único material. Assim como a palavra "metal" não define apenas ferro ou alumínio, a palavra "plástico" caracteriza diversos materiais com estrutura, qualidade e composição diferentes. As qualidades dos plásticos são tão variadas, que frequentemente substituem materiais tradicionais como a madeira ou o metal.

Macromolécula

Todavia, os plásticos tem algo em comum. Eles são compostos por enovelamento ou encadeamento de longas cadeias de moléculas, chamadas de macromoléculas (makro = grande). Estas macromoléculas são compostas normalmente de mais de 10.000 elementos individuais. Nesta cadeia de moléculas os elementos individuais estão ordenados um após o outro, como pérolas em um colar. Pode-se imaginar o plástico como um novelo de lã com vários fios individuais. Um único fio só pode ser retirado do novelo com muita dificuldade. Bastante similar é o plástico, onde as macromoléculas "seguram-se" firmemente entre si. Como as macromoléculas e, conseqüentemente, os plásticos, são compostos de vários elementos individuais, chamados de monômeros (mono = uma, meros = parte), eles são conhecidos também por polímeros (poli = muito).

Definição

Plásticos são materiais, cujo elemento essencial é constituido por ligações moleculares orgânicas, que resultam de síntese ou através de transformação de produtos naturais. Eles são, via de regra, deformáveis plasticamente por meio da manufatura sob determinadas condições (calor, pressão) ou foram moldados plasticamente.

1.2 A partir de que se produz os plásticos?

Monômero

A matéria-prima para os polímeros é chamada de monômero. De cada matéria-prima pode-se, frequentemente, produzir diferentes polímeros, bastando que seja alterado o processo de fabricaçao ou que sejam feitas diferentes misturas.

Matéria-prima

As matérias-primas para o monômero são, principalmente, petróleo e gás natural. Teoricamente é possível produzir monômeros também a partir da madeira, carvão e até do CO_2, uma vez que o principal componente para a fabricação é o carbono. Estes materiais não são porém usados pois a fabricação com o petróleo e o gás é mais barata.

Alguns monômeros foram, por muitos anos, resíduos na produção de gasolina ou óleo de aquecimento. Atualmente, o elevado consumo de plásticos torna necessária a produção deste "lixo" nas refinarias.

1.3 Como se dividem os plásticos?

Os plásticos são divididos em três grandes grupos, que são apresentados, juntamente com exemplos, na Fig. 1.1.

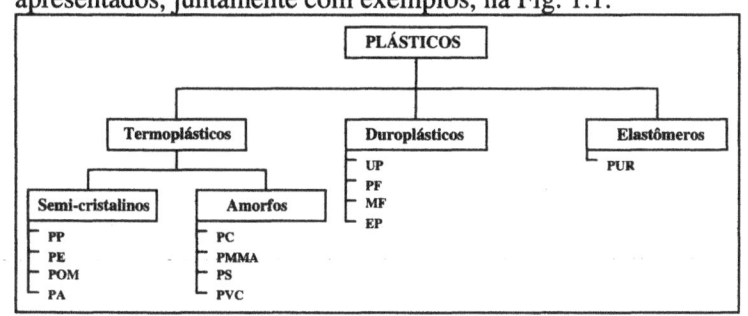

Fig. 1.1 - Divisão dos plásticos

Termoplásticos (thermos = calor; plasso = formar) são fusíveis e solúveis. Podem ser fundidos seguidas vezes e solubilizados por vários solventes. Variam, a temperatura ambiente, de maleáveis a rígidos ou frágeis. São diferenciados entre termoplásticos amorfos (amorph = desordenado), que possuem estado de ordenação molecular semelhante ao vidro e são transparentes e em termoplásticos semi-cristalinos, que apresentam uma aparência opaca. Se um plástico for transparente, pode-se dizer, com bastante segurança, que se trata de um termoplástico amorfo. Os termoplásticos representam a maior parcela dos polímeros.

Termoplásticos

Termoplásticos amorfos

Termoplásticos semi-cristalinos

A tampa da caixa de nosso CD deve ser produzida a partir de um termoplástico amorfo, pois ela deve ser transparente de maneira a permitir a leitura dos nomes das músicas. O plástico do próprio CD também é transparente. Primeiramente ele é vaporizado de um lado, geralmente com alumínio (a camada de alumínio age como um espelho) e então impresso, para que o feixe de laser não o atravesse e sim seja refletido.

CD

Duroplásticos (durus = rígido) são rígidos e em todas as direções estreitamente encadeados. Eles não são deformáveis plasticamente, não são fusíveis e por isso, extremamente estáveis a variação de temperatura.

Duroplásticos

A temperatura ambiente são rígidos e quebradiços. Por exemplo, tomadas elétricas são fabricadas de duroplásticos.

Elastômeros

Elastômeros (elasto = elástico; meros = partes) não são fusíveis, são insolúveis, mas podem ser amolecidos. Sua estrutura molecular é composta de encadeamento espaçado e por isso é encontrado em estado elástico a temperatura ambiente. Exemplos de elastômeros são as vedações de vidros para conservas e os pneus de veículos.

1.4 Como são codificados os plásticos?

DIN 7728

Pela norma DIN 7728 os plásticos são caracterizados por seqüências de letras (abreviaturas) que representam a sua estrutura química. Letras complementares (códigos) caracterizam a utilização, aditivos e propriedades básicas como densidade ou viscosidade. Um exemplo é apresentado na Figura 1.2.

Caracterização do Plástico
  PE-LLD
Nome do Material
  Polietileno Linear Baixa Densidade
Abreviação do Produto Básico
  PE = Polietileno
Código - Letras das Propriedades Suplementares
  L = 1ª letra p/ propr. especiais: L = linear
  L = 2ª letra p/ propr. especiais: L = baixo
  D = 3ª letra p/ propr. especiais: D = densidade

Fig. 1.2 - Exemplo para a classificação normalizada de plásticos

As várias grandezas e valores aqui mencionados devem, a princípio, serem tomadas apenas como ilustrativas. É interessante repetir a leitura deste capítulo ao final do estudo deste livro, para que sejam entendidos alguns conceitos até agora desconhecidos, como o "valor de MFI".

1.5 Que propriedades físicas possuem os plásticos?

Plásticos são leves

Materiais de construção leves

Os plásticos são tipicamente materiais de construção leves. Em todas as formas, eles são mais leves que os metais ou cerâmica. Devido ao fato de alguns plásticos serem mais leves que a água, eles podem flutuar.

Eles são utilizados na construção de aviões, na produção automobilística bem como em embalagens e equipamentos de esporte. Por exemplo, o alumínio é 3 vezes e o aço 8 vezes mais pesado que o polietileno (PE).

O CD gira a uma velocidade entre 200 e 500 rotações por minuto. Para que o motor do toca-discos CD possa girar o disco rapidamente e continue pequeno, é importante que o CD seja leve.

CD

Plásticos podem ser processados facilmente

A temperatura de processamento dos plásticos situa-se entre a temperatura ambiente e algo em torno de 250°C e em alguns casos especiais, até 400°C. Nesta baixa temperatura, que para o aço fica em torno de 1.400°C, a trabalhabilidade não é tão difícil, e é necessário relativamente pouco gasto de energia. Este é um motivo pelo qual os custos de fabricação são baixos, mesmo para peças complexas. Os diferentes processos de fabricação, como injeção e extrusão, serão abordados detalhadamente mais a frente.

Temperatura de processamento

Plásticos permitem a obtenção de propriedades otimizadas

A baixa temperatura de processamento também permite a introdução de diversos tipos de "ingredientes", tais como corantes, cargas (por exemplo, pó de madeira, pó mineral), cargas de reforço (por exemplo, fibra de vidro ou carbono) e aditivos para a produção de espumas.

Corantes permitem a coloração do material. Uma pintura adicional deixa de ser necessária na maioria dos casos.

Corantes

Aditivos inorgânicos em forma de pó e areia podem ser usados em grande quantidade (até 50%). Eles elevam o módulo de elasticidade e a resistência a compressão e tornam o plástico mais barato. Aditivos orgânicos, como fibras de tecidos ou tiras de celulose elevam a tenacidade. Por exemplo, a fuligem é empregada em pneus de automóveis (elastômeros). Ela melhora as propriedades mecânicas (atrito constante), eleva a condutibilidade térmica e a constância a luz. A introdução de amaciantes (determinados esteres e ceras) pode alterar o comportamento mecânico de plásticos rígidos para um estado similar aos elastômeros.

Cargas

Cargas de reforço	Como cargas de reforço são usados, por exemplo, fibra de vidro, de carbono ou aramidas (poliamidas aromáticas). Elas aparecem em variadas formas, por exemplo, fibras curtas ou longas, tecidos ou esteiras. Através da colocação orientada das fibras pode-se elevar em várias vezes a estabilidade e a rigidez.
Aditivos	Com a utilização de aditivos surgem espumas sintéticas, nas quais a densidade fica reduzida a 1/100 da matéria-prima. As espumas tem propriedades isolantes muito boas e permitem a produção de peças leves.

Plásticos apresentam baixa condutibilidade

Isolante	Os plásticos não isolam apenas energia elétrica, como nos fios elétricos, mas bloqueiam também contra frio e calor. Exemplos são a geladeira e o copo plástico. Sua condutibilidade térmica é algo em torno de 1000 vezes menos que a dos metais.
Condutibilidade elétrica	O fato de praticamente não apresentarem elétrons livres é o motivo pelo qual os plásticos são piores condutores que os metais. Estes elétrons são responsáveis pelo transporte de calor e energia nos metais. É possível alterar consideravelmente esta propriedade do plástico com a introdução de materiais adicionais.
Condutibilidade térmica	Plásticos prestam-se da mesma forma como materiais isolantes. Sua baixa condutibilidade térmica leva a problemas de processamento, uma vez que, por exemplo, o calor do fundido é transportado lentamente para o interior do material.
	Com base nos seus bons efeitos isolantes, os plásticos podem ser carregados eletrostaticamente. Se forem misturados ao plástico certos materiais, como pó de metal, antes do processamento, o efeito isolante é reduzido e também a sua tendência de armazenar cargas eletrostáticas.

Plásticos são resistentes a muitos produtos químicos

Corrosão	O mecanismo de ligação dos átomos nos plásticos é bem diferente dos metais. Por este motivo os plásticos não são tão suscetíveis a corrosão como os metais. Os plásticos são em parte bastante resistentes à ácidos, bases ou soluções de água salgada. Eles também são, em muitos casos, solúveis em solventes orgânicos como gasolina ou álcool.

Por este motivo, o CD não deve ser limpo com terebentina, pois esta solução poderia atacar o plástico.

Os melhores solventes são os que apresentam estrutura química semelhante ao plástico a ser diluido. Diz-se "similares diluem similares".

Solventes

Plásticos são porosos

A penetração em um material, por exemplo, de um gás em um outro material, é designada por difusão. A alta permeabilidade a gases, motivada por grande distância molecular, e consequentemente, baixa densidade, é muitas vezes desvantajosa. A diferença de permeabilidade é, para diferentes plásticos, extremamente grande. Para encontrar o plástico correto para a aplicação desejada, pode-se obter os dados característicos, como a densidade, em tabelas de fornecedores.

Difusão

Esta permeabilidade permite aplicação prática para certas necessidades, como por exemplo, membranas para equipamentos de remoção de sal da água do mar ou determinados filmes para embalagens.

Plásticos são muitas vezes recicláveis

Os plásticos podem ser reutilizados ou reaproveitados com a ajuda de diferentes métodos. Fala-se assim sobre Reciclagem. Se um reaproveitamento econômico não for possível, pode-se queimar vários tipos de plástico para obtenção de energia.

Reciclagem

Todavia, para alguns materiais a queima é problemática. Principalmente para plásticos que contém cloro (como PVC) ou flúor (como PTFE), conhecido pelo nome comercial de Teflon. Os gases resultantes da queima são venenosos.

Queima

Um procedimento adequado para facilitar a eliminação dos produtos plásticos é a sua caracterização, de maneira que seja possível reconhecer, no reaproveitamento, a partir de qual plástico o produto foi produzido. Assim seria possível, por exemplo, eliminar materiais críticos antes da queima ou selecionar os materiais a serem fundidos por tipo de plástico.

Caracterização do produto

Propriedades adicionais dos plásticos

Flexibilidade

Os plásticos são em parte flexíveis. O módulo de elasticidade e a estabilidade variam em uma faixa bastante ampla, apesar de situarem-se, na maioria das vezes, consideravelmente abaixo das correspondentes propriedades dos metais. A elevada flexibilidade é frequentemente uma vantagem para a fabricação e a utilização.

Resistência ao impacto

Um "sanduiche" de placas de plástico tem, em comparação a um mesmo conjunto de placas de vidro, melhor resistência ao impacto com as mesmas propriedades óticas. Isto é, os plásticos não quebram tão facilmente como os vidros, mas também não são tão resistentes a arranhões. Por este motivo, os plásticos ocupam cada vez mais o espaço dos vidros, por exemplo, na construção civil e automobilística ou na produção de óculos.

Exercícios de Controle da Lição 1

<u>N° Questão</u>	<u>Resposta</u>
1 Os plásticos são divididos nos grupos: termoplásticos, elastômeros e _____.	monômeros durômeros
2 Os termoplásticos são divididos em dois sub-grupos: termoplásticos amorfos e termoplásticos _____.	duroplásticos semi-cristalinos
3 Termoplásticos são _____.	fusíveis não fusíveis
4 Duroplásticos são fortemente encadeados e, por isso, não são fusíveis e _____.	são solúveis não são solúveis
5 Elastômeros são encadeados _____.	estreitamente largamente
6 Elastômeros são _____.	fusíveis não fusíveis
7 A maioria dos plásticos são _____ que os metais.	mais leves mais pesados
8 A temperatura de processamento dos plásticos é _____ que a dos metais.	mais alta mais baixa
9 A permeabilidade para gases é _____ para diferentes plásticos.	igual diferente
10 Os plásticos são _____ isolantes de calor e energia.	maus bons
11 Muitos plásticos _____ o reaproveitamento.	permitem não permitem

Matéria-prima e Síntese dos Polímeros

Perguntas Dirigidas A partir de que matérias-primas são fabricados os
plásticos?
Que passos de preparação existem entre o petróleo e a
matéria-prima para plásticos?
Como são estruturados os plásticos?
O que se entende por monômero?
O que são macromoléculas e elementos encadeados?
Que processos de síntese dos polímeros existem?

Assunto Química dos Plásticos

Conteúdo
1 Matéria-prima para plásticos
2 Monômeros e polímeros
3 Síntese do polietileno

Exercícios de Controle da Lição 2

**Conhecimento
prévio** Fundamentos dos Plásticos (Lição 1)

2.1 Matéria-prima para plásticos

Química do carbono

Matérias-primas para a produção de plásticos são materiais naturais como a celulose, carvão, petróleo e gás natural. As moléculas destas matérias-primas contém carbono (C) e hidrogênio (H). Podem conter também oxigênio (O), nitrogênio (N) ou enxofre (S). O petróleo é a matéria-prima mais importante para os plásticos.

Petróleo

Na Figura 2.1 esta apresentada a participação de cada produto fabricado a partir do petróleo no total desta matéria-prima. Fica claro que apenas 4% deste total é utilizado para a produção de plásticos.

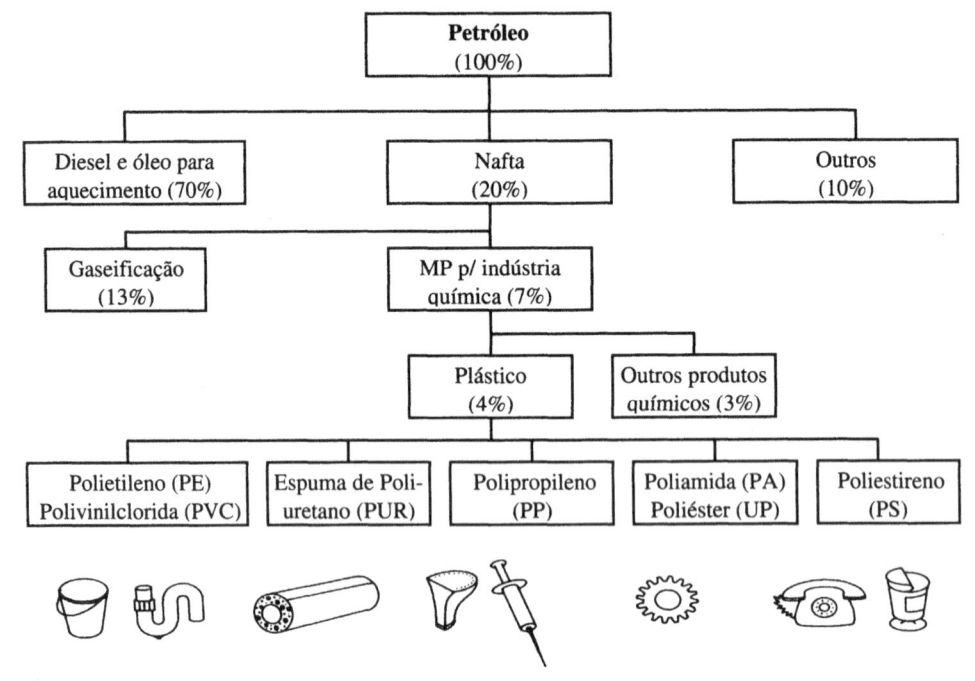

Fig. 2.1 - Divisão da matéria-prima

Passos intermediários

O plástico não é obtido diretamente do petróleo. São necessários mais passos intermediários para se chegar do petróleo até o plástico.

Destilação

Em uma refinaria o petróleo bruto é separado em suas várias componentes através da destilação (processo para separação de líquidos). Para a separação é utilizado o ponto de ebulição destes diferentes componentes. São separados: gás, gasolina, petróleo, gás liquefeito de petróleo e, como sobra da destilação, asfalto (piche), utilizado em pavimentação de estradas.

O destilado mais importante para a produção do plástico é a nafta. A nafta é então "quebrada", por um processo de separação térmica, em etileno, propileno, butileno e outros carbohidratos. Este processo também é conhecido por craqueamento (to crack = quebrar). Cada produto é separado em uma determinada parcela pelo controle da temperatura do processo. Por exemplo, a 850°C obtém-se mais do que 30% de etileno.

Craqueamento

A partir do etileno, podem ser extraídos, em processos subsequentes, por exemplo, o estireno e a vinilclorida. Estes dois materiais são, da mesma forma que o etileno, propileno e butileno, matérias-primas (monômeros) dos quais podem ser produzidos plásticos.

Matéria-prima

2.2 Monômeros e polímeros

A matéria-prima dos plásticos também é denominada de monômero (mono = um, meros = parte). A partir desta substância básica são produzidas as macromoléculas do plástico. A designação de macromolécula é dada devido ao tamanho da molécula de plástico (macro = grande), que é composta de vários milhares de moléculas monoméricas.

Monômero

Macromolécula

Antes da formação da macromolécula, existem os monômeros (Figura 2.2). O plástico composto de várias destas partes é chamado de polímero (poli = muitos). Só por meio de reações químicas as moléculas individuais tornam-se macromoléculas.

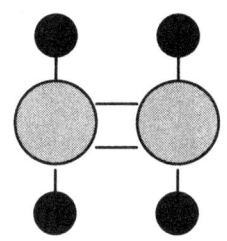

Fig. 2.2 - Molécula monomérica (esquema)

Como as macromoléculas, nos casos mais simples, são geradas de vários monômeros iguais, elas são compostas de uma seqüência de elementos encadeados, que sempre se repetem (Figura 2.3).

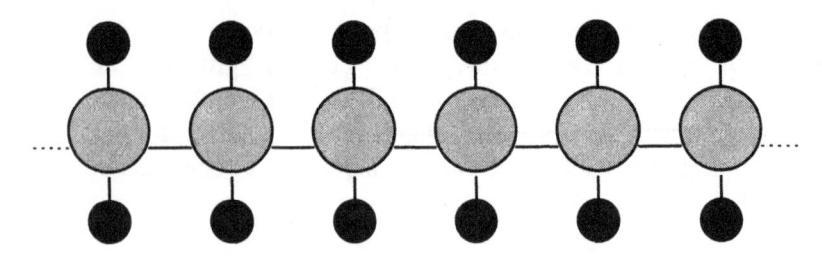

Fig. 2.3 - Macromolécula (elementos encadeados)

Espinha dorsal

Cada cadeia de moléculas tem uma linha contínua de elementos encadeados, na qual outras estão penduradas, mas que não se encontram nesta mesma linha. A linha contínua da macromolécula, chamada de espinha dorsal, é composta normalmente apenas pelo elemento carbono (C). Algumas vezes apresenta também oxigênio (O) ou nitrogênio (N). O carbono tem a propriedade de produzir facilmente cadeias consigo mesmo ou com oxigênio e nitrogênio. Outros elementos químicos não tem esta propriedade tão acentuada.

Cadeias secundárias

Na espinha dorsal estão ligados outros elementos ou grupos de elementos, como por exemplo. o hidrogênio (H). Se os grupos de elementos forem compostos de elementos encadeados, que apresentem sua própria cadeia molecular, estes serão designados por ramificações ou cadeias secundárias. Estas ramificações aparecem em maior ou menor quantidade em todos os plásticos.

2.3 Síntese do polietileno

Polietileno

Um exemplo de um material macromolecular é o polietileno (Figura 2.4).

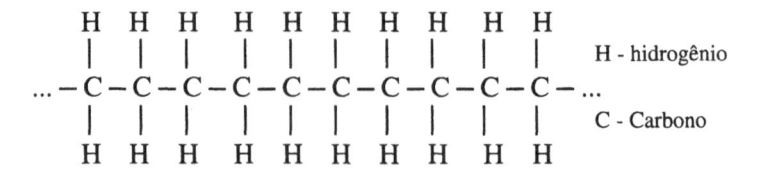

Fig. 2.4 - Fórmula estrutural do polietileno

O monômero, do qual o polietileno é composto, chama-se etileno e é formado somente de carbono e hidrogênio, como mostra a fórmula estrutural na Figura 2.5.

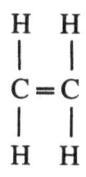

Fig. 2.5 - *Fórmula estrutural do etileno (monômero do polietileno)*

Ligação

Os traços na figura representam as ligações entre os átomos. Uma ligação é composta de um par de elétrons. Os dois traços entre os carbonos representam um ligação dupla.

Ligação dupla

A ligação dupla é importante para a reação de formação da macromolécula. As moléculas de etileno são ativadas uma após a outra e formam, na seqüência, uma macromolécula, cuja fórmula estrutural esta apresentada na Figura 2.6.

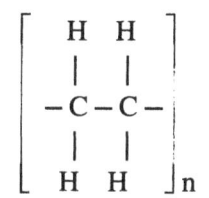

Fig. 2.6 - *Fórmula estrutural do polietileno (PE)*

A letra n representa o número de vezes que esta unidade se repete em uma macromolécula. Ela se situa, na maioria das vezes, acima de 10.000. Como as macromoléculas não se formam uma após a outra, mas sim várias ao mesmo tempo, elas acabam se entrelaçando (Figura 2.7). Nasce o plástico.

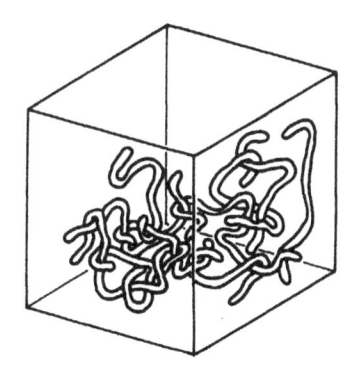

Fig. 2.7 - *Macromoléculas entrelaçadas (enoveladas)*

Processo   Para cada tipo de monômero, existe uma reação de formação da macromolécula. Existem três reações básicas diferentes, isto é, processos através dos quais os plásticos são produzidos. A estes tipos de processos de fabricação de plásticos chamamos de síntese, porque um novo material (aqui o plástico) será sintetizado (síntese = união) a partir de um elemento (aqui o monômero). A designação para os plásticos, produzidos por meio destes processos, orienta-se na designação do processo (Figura 2.8).

Processo de Síntese	Designação do Produto	Exemplo/Sigla
Polimerização	Polimerizado	Polipropileno / PP Polietileno / PE
Poliadição	Poliaditado	Poliuretano / PUR Resina epóxi / EP
Policondensação	Policondensado	Policarbonato / PC

Fig. 2.8 - Designação de produto e exemplos de plásticos

Exercícios de Controle da Lição 2

N° Questão	Resposta
1 O carvão, petróleo e _____ são usados para produção de plásticos.	aço alumínio gás natural
2 Pelas etapas de destilação e _____ do petróleo é obtida a matéria-prima para produção de plásticos.	sublimação craqueamento
3 Matérias-primas para plásticos, produzidas a partir do petróleo bruto, são, por exemplo, etileno, vinilclorida e _____.	petróleo propileno
4 Uma macromolécula pode ser imaginada como uma longa _____.	cadeia linha
5 Monômero é a designação química genérica para moléculas, das quais o plástico será produzido. O plástico que é composto por várias destas unidades é portanto chamado de _____.	durômero copolímero polímero
6 O elemento químico _____ forma, na maioria dos casos, a espinha dorsal das macromoléculas.	carbono (C) oxigênio (O) nitrogênio (N)
7 As siglas de plásticos contém normalmente na primeira posição a letra P. Ela significa _____.	parcial poli partícula
8 Após a formação das macromoléculas, elas estão _____.	entrelaçadas distendidas
9 O polietileno (PE) tem uma estrutura bastante simples. Ele é composto apenas dos elementos hidrogênio (H) e _____.	carbono (C) flúor (F) oxigênio (O)

Processos de Síntese dos Polímeros

Perguntas Dirigidas Quais são as particularidades da polimerização e como se processa a reação?
Qual a diferença entre homo e copolimerização?
Quais são as particularidades da policondensação e como se processa a reação?
Quais são as particularidades da poliadição e como se processa a reação?
Que exemplos existem de plásticos produzidos por polimerização, poliadição e policondensação?

Assunto Química dos Plásticos

Conteúdo
1 Polimerização
2 Policondensação
3 Poliadição

Exercícios de Controle da Lição 3

Conhecimento prévio Matéria-prima e Síntese dos Polímeros (Lição 2)

3.1 Polimerização

Ligação dupla

Ligação dupla em monômeros

A ligação dupla, que aparece nos monômeros entre dois átomos de carbono, exerce um papel decisivo na polimerização.Isto será mostrado com um exemplo, a vinilclorida (Figura 3.1).

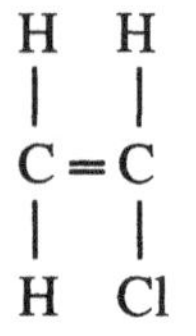

$$
\begin{array}{cc}
H & H \\
| & | \\
C & = C \\
| & | \\
H & Cl
\end{array}
\qquad
\begin{array}{l}
\text{H - Hidrogênio} \\
\text{C - Carbono} \\
\text{Cl - Cloro}
\end{array}
$$

Fig. 3.1 - Fórmula estrutural da vinilclorida

Decomposição

Também no caso de vinilcloridas, cada ligação da molécula é composta de 2 elétrons. A ligação dupla é composta de 2 ligações, cada uma com 2 elétrons. Pela ligação dupla, uma das duas ligações deixa-se separar facilmente, isto é, decompor-se em dois elétrons individuais.

Formação das macromoléculas

Macromoléculas

Radical

Esta decomposição leva a formação das macromoléculas. Ela começa com a decomposição da ligação dupla, que será completada por outra parte, por exemplo um radical. Radicais são grupos de elementos altamente reativos. Isto é, eles reagem muito bem com outras moléculas. O motivo disto é a existência de um elétron livre, que todo radical tem e que tende a formar uma ligação com outro elétron. A decomposição da ligação dupla da vinilclorida por um radical é apresentada na Figura 3.2.

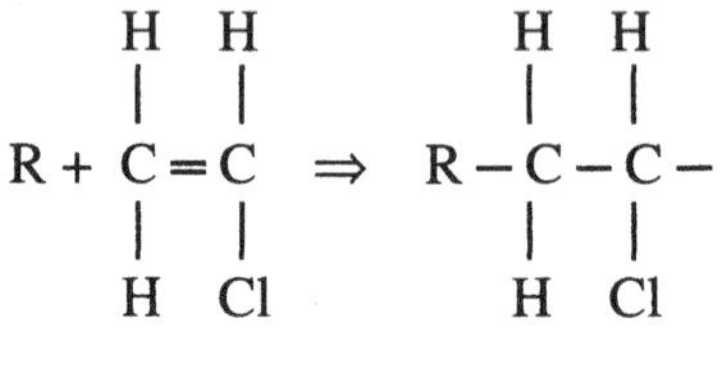

$$
R + \begin{array}{cc} H & H \\ | & | \\ C & = C \\ | & | \\ H & Cl \end{array}
\Rightarrow
R - \begin{array}{cc} H & H \\ | & | \\ C & - C \\ | & | \\ H & Cl \end{array} -
\qquad R \text{ - qualquer outra molécula}
$$

Fig. 3.2 - Rompimento da ligação dupla

Através do rompimento da ligação dupla é formada uma nova ligação entre o elétron livre do radical e um elétron livre da ligação decomposta. O outro elétron da ligação decomposta esta no outro lado da vinilclorida.

Este lado, com o elétron livre, pode novamente decompor outras ligações duplas. Assim, este núcleo cresce até formar longas cadeias (Figura 3.3).

$$R-\underset{\underset{H}{|}}{\overset{\overset{H}{|}}{C}}-\underset{\underset{Cl}{|}}{\overset{\overset{H}{|}}{C}}-\ +\ n\text{-vezes}\ \underset{\underset{H}{|}}{\overset{\overset{H}{|}}{C}}=\underset{\underset{Cl}{|}}{\overset{\overset{H}{|}}{C}} \Rightarrow R-\underset{\underset{H}{|}}{\overset{\overset{H}{|}}{C}}-\underset{\underset{Cl}{|}}{\overset{\overset{H}{|}}{C}}-\underset{\underset{H}{|}}{\overset{\overset{H}{|}}{C}}-\underset{\underset{Cl}{|}}{\overset{\overset{H}{|}}{C}}-\underset{\underset{H}{|}}{\overset{\overset{H}{|}}{C}}-..$$

Fig. 3.3 - Formação da cadeia

O final deste crescimento ocorre quando dois terminais de uma cadeia ou um terminal e um radical se encontram. Como existem inicialmente muito mais monômeros de vinilclorida do que terminais de cadeias ou radicais, as cadeias formar-se-ão muito longas, antes de cessar o crescimento. O tamanho destas cadeias tem grande significado nas propriedades dos plásticos. O comprimento é dado pelo número (n) de elementos que se repetem na cadeia (Figura 3.4).

Elementos da cadeia

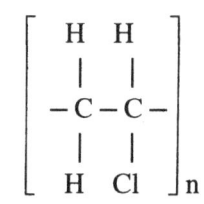

Fig. 3.4 - Unidade repetitiva

O número n situa-se normalmente acima de 10.000. Para que se tenha uma idéia de quão longa uma macromolécula pode ser, imaginemos uma molécula ampliada em 1.000.000 de vezes. Ela teria então uma espessura de 20 cm e um comprimento de 1 km.

Plásticos, produzidos por polimerização, são chamados de polimerizados (Figura 3.5).

Polimerizado

Polimerizado	Produto
Polietileno (PE)	Filmes protetores e para embalagens, garrafas, tubulações, recipientes para transporte, acessórios elétricos, coberturas, armaduras, construção de aparelhos para química
Polipropileno (PP)	Carcaças de aparelhos, peças para máquina de lavar, instalações elétricas, tubulações, armaduras, construção de aparelhos
Polimetilmetacrilato (PMMA)	Revestimentos vítreos, lanternas, peças para sanitários, placas, lentes, equipamentos para desenho, cúpulas de luzes

Fig. 3.5 - Polimerizados e aplicações

Palavra-chave
"ligação"

Como se pode fixar o processo de polimerização? Uma composição férrea só pode ser formada se cada vagão tiver, na frente e atrás, um engate. Analogamente é formada uma macromolécula pelo processo de polimerização. Cada monômero individual liga-se a outro por meio dos elétrons decompostos da ligação dupla. A palavra-chave para a polimerização é, portanto, ligação.

Copolimerização

Copolímero

Para a produção de um plástico através da polimerização podem ser usados, ao mesmo tempo, um ou mais tipos de monômeros. Se na polimerização for usado apenas um monômero, é formado um homopolimerizado. Se o polímero for produzido por dois ou mais monômeros diferentes, fala-se de copolimerização (co = com, junto) e será formado um copolímero. A disposição dos diferentes elementos do monômero em copolímeros pode ser variada. As propriedades dos plásticos podem ser influenciadas através da escolha de diferentes monômeros na copolimerização.

3.2 Policondensação

Policondensação

Típico para a reação de policondensação é que pequenas moléculas, normalmente de água, sejam separadas. Este processo de separação é designado por condensação na química orgânica. Daí provém o nome deste processo de produção de plásticos. A água tem a fórmula química H_2O. A molécula de água é formada de dois átomos de hidrogênio (H) e um átomo de oxigênio (O).

Grupos Funcionais

Para a formação de uma macromolécula por intermédio da reação de policondensação, são necessárias moléculas que possuam dois ou mais grupos funcionais (Figura 3.6).

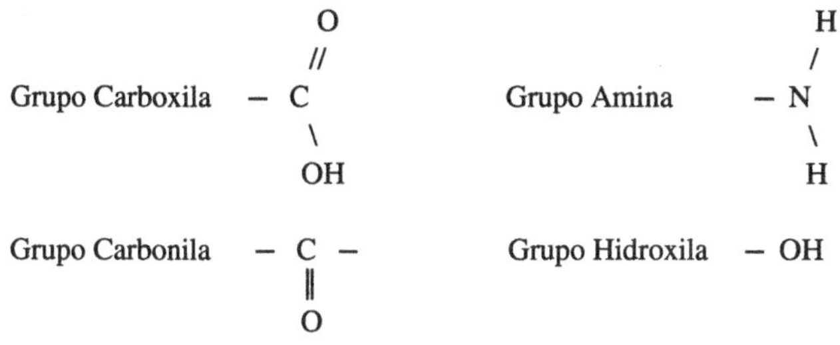

Fig. 3.6 - Grupos funcionais

A formação de uma ligação entre duas moléculas ocorre apenas quando existirem dois grupos funcionais diferentes, dos quais as partes que se separarem sejam “condensadas” na forma de água.

Tipos de moléculas

Para que através da reação possa ser formada uma cadeia ininterrupta precisamos ter, na policondensação, os seguintes tipos de moléculas: ou um tipo de molécula que tenha pelo menos dois grupos funcionais diferentes, ou no mínimo dois tipos diferentes de moléculas, que possuam cada uma, dois ou mais grupos funcionais iguais.

Poliamida

Um exemplo de policondensação é a reação na qual duas moléculas formam uma amida. O plástico formado de várias dessas moléculas é chamado de poliamida. Um exemplo para a policondensação é a reação da hexametilenodiamida com o ácido adipina (Figura 3.7) para formação da poliamida 66.

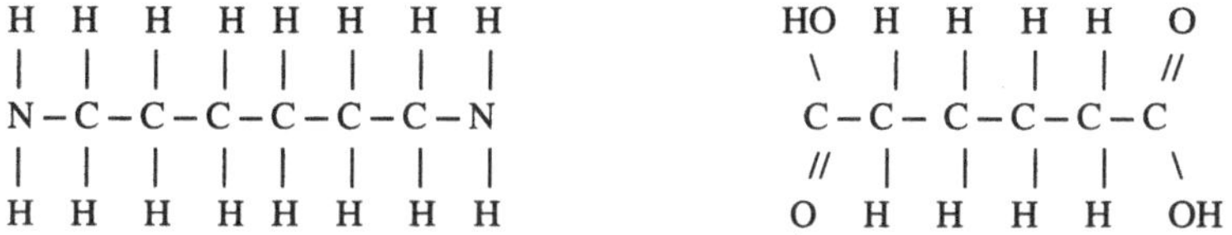

Fig. 3.7 - Fórmula estrutural

Seqüência da reação

A reação se dá em duas etapas.

Etapa 1: Primeiro são separados elementos dos grupos funcionais (Figura 3.8).

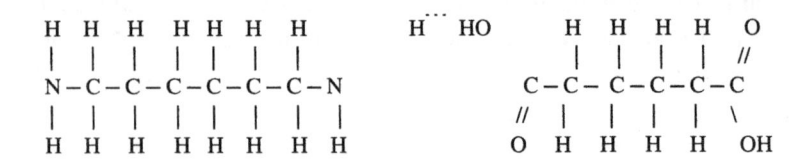

Fig. 3.8 - Separação de elementos dos grupos funcionais

Etapa 2: A seguir forma-se água e a macromolécula da poliamida (Figura 3.9).

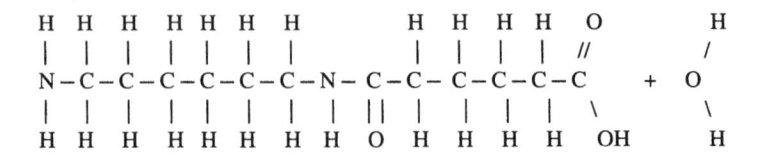

Fig. 3.9 - Poliamida e água

Extração de água

Muito importante para a policondensação é que as moléculas separadas na reação, neste caso água, sejam constantemente extraídas (purgadas) para que a reação continue e possam ser formadas longas cadeias. Não existe um terminal definitivo como na polimerização. Plásticos produzidos por policondensação são chamados de policondensados (Figura 3.10).

Policondensados

Policondensado	**Produto**
Resina fenol-formaldeído (PF)	Pegadores em alavancas de comutação, peças de interruptores, cinzeiros para automóveis, calefação, ferro de passar roupa, panelas e frigideiras, suportes de lamparinas
Poliéster insaturado (UP)	Construção naval com reforço em fibra de vidro, construção automobilística, carcaças de equipamentos
Policarbonato (PC)	Carcaças para máquinas de escritório e domésticas, vitrines, CD, carcaças de camêras, luzes de sinalização
Poliamida (PA)	Engrenagens, rolos deslizantes, carcaças para equipamentos elétricos

Fig. 3.10 - Policondensados e aplicações

CD

Também nosso CD é formado de um plástico obtido através de policondensação, o policarbonato (PC).

Como pode ser fixado o processo de policondensação? No processo de policondensação a água é separada. Portanto, a palavra-chave para a policondensação é separação.

Palavra-chave "separação"

3.3 Poliadição

A reação de poliadição é similar a policondensação. A diferença é que, neste caso, nenhum elemento será separado mas sim um átomo de hidrogênio migra de um grupo funcional para outro. Para formação de uma ligação são necessários dois grupos funcionais diferentes, como na policondensação. Os monômeros utilizados devem possuir novamente no mínimo dois grupos funcionais. Também neste caso são usados, para formação da macromolécula, ou um tipo de molécula com no mínimo dois grupos funcionais diferentes ou no mínimo dois tipos de moléculas com respectivamente dois ou mais grupos iguais.

Poliadição

A reação é apresentada em três etapas.

Etapa 1: Existe um terminal de molécula com um átomo de hidrogênio facilmente separável e um terminal de molécula com uma ligação facilmente separável.
Etapa 2: O hidrogênio separa-se e a ligação do outro grupo funcional dissocia-se.
Etapa 3: O hidrogênio forma uma ligação com um dos elétrons da ligação dissociada. A posição de onde o hidrogênio saiu e o outro elétron da ligação dissociada formam uma nova ligação e a cadeia é ampliada.

Seqüência da reação

Uma representação esquemática da reação de poliadição é apresentada na Figura 3.11.

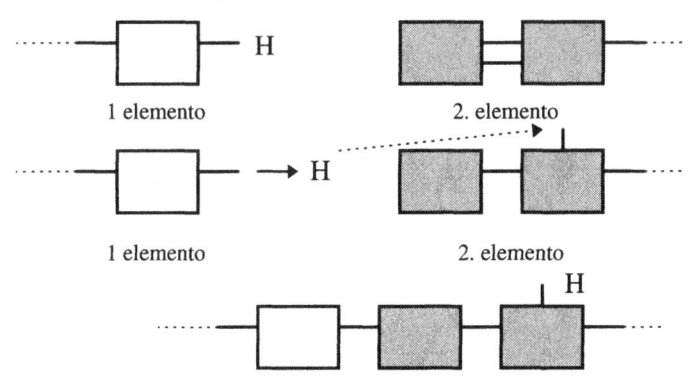

Fig. 3.11 - Reação de poliadição

Poliaditados

Os polímeros gerados pela reação de poliadição são chamados de poliaditados. Na Figura 3.12 são apresentados alguns poliaditados e suas aplicações.

Poliaditado	Produto
Poliuretano (PUR)	Insertos, roldanas, mancais, discos de embreagem
Espumas de poliuretano	Espumas isolantes e almofadas para móveis, vestuário
Epóxi (EP)	Adesivos, revestimento para recipientes, reforços de fibra para ferramentas

Fig. 3.12 - Poliaditados e aplicações

Palavra-chave "compartilha-mento"

A característica desta reação química é o "compartilhamento" de um átomo, que é trocado a partir de um grupo funcional de um componente da reação para o grupo funcional de outro componente da reação.

Exercícios de Controle da Lição 3

N° Questão	Resposta
1 Na polimerização a _____ exerce um papel decisivo.	ligação tripla ligação dupla
2 A palavra-chave para a polimerização é _____ .	ligação compartilhamento separação
3 Plásticos produzidos a partir de diferentes monômeros são chamados de _____.	homopolímero copolímero
4 Exemplos de plásticos produzidos através de polimerização são o polietileno/PE e o _____.	policarbonato/PC polipropileno/PP
5 Na química se entende por condensação a _____ de pequenas partículas em uma reação.	separação evaporação
6 Na policondensação geralmente é separado _____.	hidrogênio dióxido carbono água
7 Na policondensação as moléculas devem possuir _____ grupo(s) funcional(is), para que possam ser formadas as macromoléculas.	dois ou mais um nenhum
8 Exemplos de plásticos produzidos através de policondensação são o fenol-formaldeído/PF e o _____.	polietileno/PE policarbonato/PC
9 A palavra-chave para policondensação é _____.	compartilhamento separação ligação
10 Da mesma forma como na policondensação, também na poliadição os monômeros devem possuir dois ou mais ____.	grupos funcionais átomos hidrogênio
11 Exemplos de plásticos produzidos através de poliadição são o poliuretano/PUR e a _____.	resina epóxi/EP poliamida/PA
12 A palavra-chave para a poliadição é _____.	ligação separação compartilhamento

Forças de Ligação nos Polímeros

Perguntas Dirigidas Que tipos de forças são dominantes em um polímero?
Quais são as diferenças entre estas forças?
Qual a influência da temperatura nestas forças?

Assunto Física dos Plásticos

Conteúdo 1 Forças de ligação dentro de moléculas
2 Forças intermoleculares
3 Influência da temperatura

Exercícios de Controle da Lição 4

Conhecimento prévio Matéria-prima e Síntese dos Polímeros (Lição 2)

4.1 Forças de ligação dentro de moléculas

Os átomos de moléculas monoméricas, a partir das quais são formadas as macromoléculas, são unidos entre si por ligações atômicas, também chamadas de ligações covalentes. Pode-se entender estas ligações como forças que mantém unidos dois átomos. Geralmente as ligações são representadas por intermédio de traços nas figuras que mostram moléculas. Um exemplo é o monômero etileno (Figura 4.1).

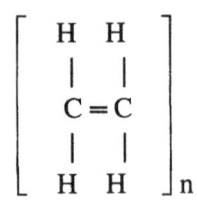

Fig. 4.1 - Fórmula estrutural do etileno

Dependendo do número de ligações existentes entre dois átomos, pode-se classificá-las como simples, duplas e triplas. Como pode ser visto acima, o etileno possui uma ligação dupla entre os dois átomos de carbono (C) e uma ligação simples entre cada átomo de hidrogênio (H) e seu correspondente carbono (C). A ligação dupla trata-se de uma ligação insaturada. Insaturada significa que a ligação pode ser dissociada facilmente, permitindo assim a formação de uma ligação posterior com outro átomo. Estas forças de ligação aparecem também nas macromoléculas dos plásticos.

4.2 Forças intermoleculares

Não apenas no interior de moléculas existem forças, mas também entre moléculas vizinhas. Estas forças são chamadas, por isso, de intermoleculares. Duas moléculas atraem-se com determinada força, não podendo portanto separar-se sozinhas uma da outra (Figura 4.2).

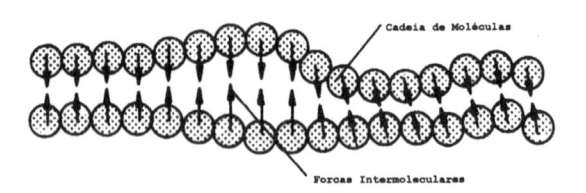

Fig. 4.2 - Forças intermoleculares

Estas forças também atuam entre as macromoléculas nos plásticos. Elas dão ao plástico grande parte de sua estabilidade, uma vez que as moléculas mantém-se unidas entre si e não "escapam" tão facilmente umas das outras. Pode-se imaginar as ligações como os ganchinhos em um fecho de velcro. Por meio dos ganchinhos as tiras de material seguram-se mutuamente. Somente quando são puxadas com força elas se soltam.

Mas as ligações intermoleculares não são tão fortes como as ligações atômicas. Sob esforço são quebradas primeiramente as ligações entre as moléculas.

Ligações atômicas

Mais uma vez nos referenciamos ao exemplo do fecho de velcro. Imaginemos que as ligações atômicas sejam as forças que mantém unidos o tecido de cada tira do material. Quando puxamos com força, o que rasga primeiro não são as tiras de material, mas sim os ganchinhos soltam e as tiras ficam livres. As ligações intermoleculares soltam primeiro.

4.3 Influência da temperatura

O calor manifesta-se na movimentação das moléculas. Quanto mais alta é a temperatura, tanto mais forte movimentam-se as moléculas. Com este movimento as forças intermoleculares ficam mais fracas. A partir de determinada temperatura elas cessam e as moléculas, antes entre si ligadas, podem mover-se livremente. Caindo novamente a temperatura, a movimentação das moléculas reduz-se e as forças surgem mais uma vez.

Calor

As ligações entre átomos de uma molécula não são eliminadas pela movimentação gerada pelo calor. Elas são muito mais firmes e somente serão degradadas em temperaturas extremamente elevadas. Ao contrário das forças intermoleculares, estas não são recompostas quando se baixa a temperatura. A molécula fica destruida.

Movimentação gerada pelo calor

Outra conseqüência da crescente movimentação das moléculas é que elas necessitam de mais espaço. O plástico alonga-se com a temperatura crescente. Esta alteração de volume com a alteração da temperatura, a chamada dilatação térmica, é bastante variada para diferentes materiais. Também diferentes plásticos possuem dilatações térmicas extremamente variadas entre si. Uma medida para a alteração de comprimento é o coeficiente de dilatação térmica linear. Quanto mais alto ele é, tanto mais se dilata o material sob calor (Figura 4.3).

Dilatação térmica

Material	Coeficiente de dilatação térmica linear α [$1/K \times 10^{-6}$] a 50°C
Polietileno (PE)	150 - 200
Policarbonato (PC)	60 - 70
Aço	2 - 17
Alumínio	23

Fig. 4.3 - Coeficiente de dilatação térmica de diferentes materiais

Exercícios de Controle da Lição 4

N° Questão	Resposta
1 As ligações entre átomos dentro de uma molécula são designadas por ligações _____ ou ligações covalentes.	intermoleculares atômicas
2 As ligações que atuam entre duas macromoléculas são designadas por _____ .	intermoleculares atômicas
3 As forças em uma ligação atômica são consideravelmente _____ do que em ligações intermoleculares.	menores maiores

Divisão dos Plásticos

Perguntas Dirigidas Em quais grupos os plásticos são divididos?
Sob que critérios eles são divididos?

Assunto Fundamentos dos Plásticos

Conteúdo 1 Simbologia dos grupos de plásticos
2 Termoplásticos
3 Plásticos encadeados

Exercícios de Controle da Lição 5

Conhecimento prévio Fundamentos dos Plásticos (Lição 1)
Matéria-prima e Síntese dos Polímeros (Lição 2)

5.1 Simbologia dos grupos de plásticos

Como já visto anteriormente, existem diferentes forças de ligação no plástico. Os plásticos são divididos pela estrutura das macromoléculas e pelos tipos de mecanismos de ligação. Os grupos estão reunidos na Figura 5.1 e ilustrados com exemplos.

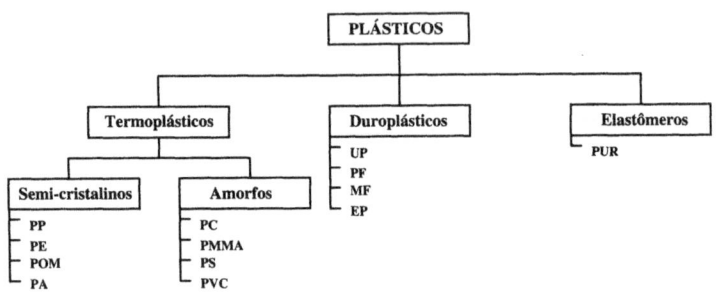

Fig. 5.1 - Divisão dos plásticos

Para os quatro grupos, quais sejam, termoplásticos amorfos, termoplásticos semi-cristalinos, durômeros e elastômeros, que serão descritos a seguir, também são encontrados na literatura outros termos antigos. Assim, os durômeros são muitas vezes citados como duroplásticos, os elastômeros como elástos e os termoplásticos como plastômeros.

5.2 Termoplásticos

Definição

Aos plásticos, que possuem macromoléculas compostas de cadeias lineares ou ramificadas (Figura 5.2) e que se mantém unidos por forças intermoleculares, chamamos de termoplásticos. O tipo e número de ramificações, isto é, de cadeias secundárias, determina o quão intensas são estas forças.

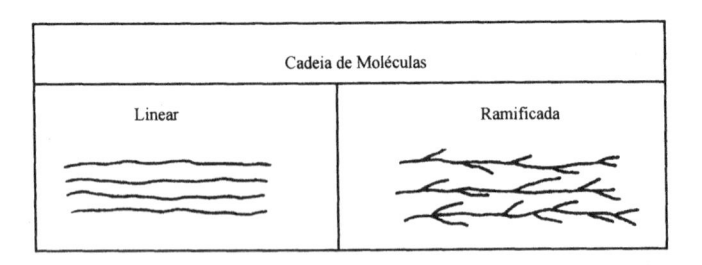

Fig. 5.2 - Moléculas encadeadas lineares e ramificadas

O termo termoplástico origina-se da palavra termos (= calor) e plasto (= maleável), uma vez que nos termoplásticos as forças intermoleculares tornam-se fracas sob a ação de calor e passam a ser, então, maleáveis.

Termoplásticos amorfos

Os plásticos que possuem cadeias moleculares fortemente ramificadas e cadeias secundárias longas, não podem apresentar, devido a sua estrutura irregular, um estado de empacotamento denso. Estas cadeias moleculares são como novelos de lã ou tuchos de algodão entrelaçados entre si. O plástico é sem estrutura (= amorfo). Por isso é denominado de termoplástico amorfo.

Amorfo

Como os termoplásticos amorfos são transparentes em estado incolor, estes materiais também são denominados de vidros sintéticos ou orgânicos.

Transparente

Também o CD é feito de um termoplástico amorfo. Como ele é transparente, o laser pode tocar os rebaixos (bits) no plástico e, em conjunto com as camadas reflexivas de alumínio ou ouro, repassar estas informações ao toca-discos CD, que as transforma em música.

CD

Termoplásticos semi-cristalinos

Se as macromoléculas possuirem apenas poucas ramificações e, por isso, pequenas e poucas cadeias secundárias, então existem regiões ordenadas nas cadeias de moléculas individuais, que são por isso, densamente compactadas. Às áreas da molécula com estado de organização elevado denomina-se de região cristalina ou de cristalização. Apesar disso, devido às longas cadeias moleculares que também se entrelaçam na polimeri- zação, não há uma cristalização completa.

Características

Cristalino

Apenas algumas partes da molécula conseguem se manter or- ganizadas, enquanto outras partes estão longe umas das outras e encontram-se desorganizadas. Estas regiões desordenadas são denominadas de regiões amorfas. São chamados de termo- plásticos semi-cristalinos os termoplásticos onde são encon- tradas, juntas, tanto regiões cristalinas como amorfas.

Semi-cristalino

Turvo, leitoso Os termoplásticos semi-cristalinos também não são transparentes no estado incolor, mas sim um pouco turvos ou opacos à luz nas regiões limite entre amorfos e cristalinos. A Figura 5.3 mostra, esquematicamente, como são organizadas as macromoléculas em termoplásticos amorfos e semi-cristalinos.

Termoplásticos	
Amorfo	Semi-cristalino
Cadeias Ramificadas	Cadeias Lineares

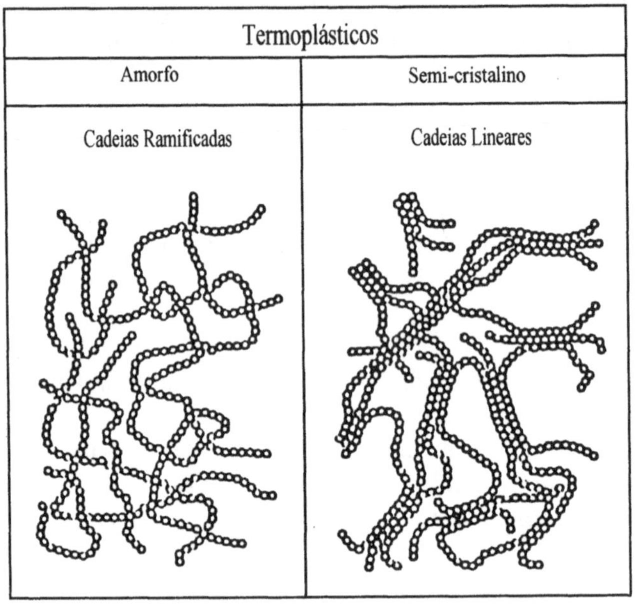

Fig. 5.3 - Estruturas de termoplásticos amorfos e semi-cristalinos

5.3 Plásticos encadeados

Pontos de encadeamento Ao lado do grupo de termoplásticos existem grupos nos quais as cadeias moleculares individuais estão ligadas umas com as outras por ligações transversais (pontes). Estas ligações são denominadas também de pontos de encadeamento e os respectivos materiais de plásticos encadeados. Os grupos diferenciam-se pelo número de pontos de encadeamento e são divididos em elastômeros e duroplásticos. As moléculas destes materiais não se mantém unidas por forças intermoleculares, mas sim por ligações atômicas.

Elastômeros

Nos elastômeros as cadeias moleculares estão divididas desordenadamente e possuem relativamente poucas ligações transversais. Este grupo de plásticos apresenta, portanto, um encadeamento largamente espaçado.

Característica

Os elastômeros comportam-se como borracha a temperatura ambiente. Nos pontos de encadeamento as cadeias moleculares tem movimento extremamente limitado. Como nas ligações atômicas das macromoléculas, as ligações atômicas das pontes também só se soltam quando submetidas a altas temperaturas e não se recompoem com a queda da temperatura. Por isso os elastômeros não são nem maleáveis nem solúveis. Todavia, em certas quantidades os elastômeros podem romper-se, uma vez que as moléculas possuem apenas poucos pontos de encadeamento, permitindo que outras pequenas moléculas, como a da água por exemplo, penetrem entre as moléculas do elastômero.

Durômeros

Outro grupo é formado pelos durômeros que também possuem cadeias moleculares desordenadas. Em comparação com a estrutura dos elastômeros, eles possuem um número consideravelmente maior de pontos de encadeamento entre as cadeias moleculares. Os plásticos construidos de cadeias moleculares tão intensamente encadeadas são chamados de durômeros.

Característica

O nome durômero origina-se da palavra durus (= duro) e meros (= parte), uma vez que o plástico é duro devido a muitos pontos de encadeamento.

Denominação

Estas moléculas intensamente encadeadas são muito duras e firmes a temperatura ambiente, mas frágeis (por isso sensíveis a golpes) e apresentam, em relação aos termoplásticos, um amolecimento consideravelmente mais baixo sob calor. Eles, assim como os elastômeros, não se deixam fundir nem separar.

A Figura 5.4 mostra, esquematicamente, como são organizadas as macromoléculas e seus pontos de encadeamento em elastômeros e durômeros.

Elastômeros	Durômeros
Cadeias Moleculares Fracamente Encadeadas	Cadeias Moleculares Fortemente Encadeadas

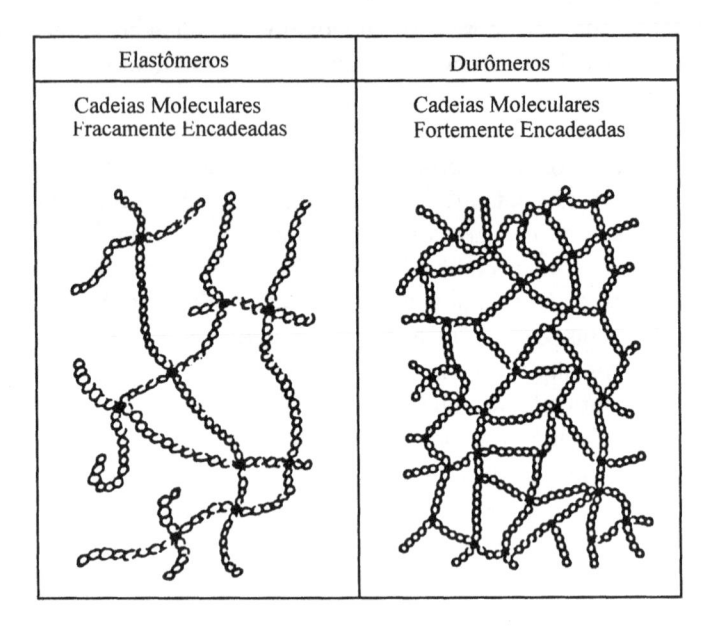

Fig. 5.4 - Estruturas de elastômeros e durômeros

Exercícios de Controle da Lição 5

Nº Questão	Resposta
1 Os termoplásticos são divididos em amorfos e _____ .	duroplásticos semi-cristalinos
2 Termoplásticos amorfos são _____ a temperatura ambiente.	turvo transparente
3 Nos durômeros as moléculas são _____ encadeadas.	fortemente fracamente
4 Os elastômeros possuem moléculas encadeadas e, por isso, _____.	são fusíveis não são fusíveis
5 O CD é feito de um termoplástico amorfo porque o plástico deve ser _____ .	transparente à luz fusível encadeado

Comportamento de Plásticos em Relação à Variação de Forma

Perguntas Dirigidas Como se comportam os plásticos sob calor?
Como se diferenciam os termoplásticos amorfos e semi-cristalinos?
Como se comportam os plásticos encadeados, isto é, os elastômeros e durômeros?

Assunto Física dos Plásticos

Conteúdo 1 Comportamento dos termoplásticos
2 Termoplásticos amorfos
3 Termoplásticos semi-cristalinos
4 Comportamento dos plásticos encadeados

Exercícios de Controle da Lição 6

Conhecimento prévio Forças de Ligação nos Polímeros (Lição 4)
Divisão dos Plásticos (Lição 5)

6.1 Simbologia dos grupos de plásticos

Comportamento à alteração de forma Sob comportamento à alteração de forma entende-se que a forma de uma peça altera-se quando submetida a uma carga (força) e temperatura. Com a ajuda do comportamento à alteração de forma pode-se esclarecer a diferença entre termoplástico semi-cristalino e amorfo. Nós queremos ilustrar este comportamento com um gráfico. No gráfico, apresentado na Figura 6.1, são mostradas, ao mesmo tempo, a resistência à tração e a elongação em dependência da temperatura, onde a temperatura esta dividida em suas respectivas regiões mais importantes.

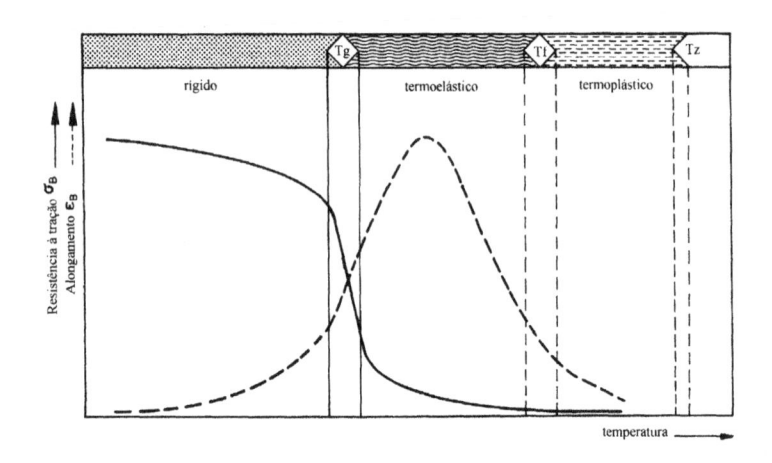

Fig. 6.1 - Gráfico do comportamento à alteração de forma

Nós queremos explicar mais detalhadamente a resistência a tração e a elongação. Ao se tracionar um corpo de prova de plástico com força constante e crescente, comprova-se dois fatos distintos:
- o corpo de prova resiste a uma determinada força máxima de tração. A tensão sob carga máxima é denominada de resistência a tração. Ela define uma medida para a rigidez do plástico.

Resistência à tração

- No ensaio de tração também se verifica que o corpo de prova se alonga. Ele será assim dilatado. O alongamento no qual o corpo de prova rompe é denominado de elongação. Dela pode-se concluir sobre a tenacidade do plástico.

Elongação

Como já mencionado acima, estes dois valores são dependentes da temperatura na qual eles são determinados. Na seqüência vamos considerar o comportamento à alteração de forma dos diferentes grupos de termoplásticos.

Influência da temperatura

6.2 Termoplásticos amorfos

A seguir consideraremos o comportamento à alteração de forma de um termoplástico amorfo, apresentado na Figura 6.2.

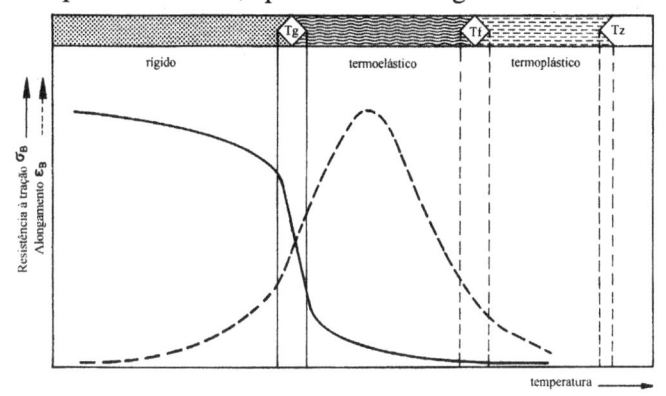

Fig. 6.2 - Comportamento à alteração de forma de um termoplástico amorfo

O plástico encontra-se em estado rígido a temperatura ambiente. As macromoléculas seguram-se entre si através da força intermolecular, pois elas praticamente não se movimen-tam. Elevando-se a temperatura, as macromoléculas movimen- tam-se cada vez mais. A estabilidade do material cai e, ao mesmo tempo, cresce sua dutilidade e com ela a tenacidade.

Influência da temperatura

Ao ultrapassarem a temperatura vítrea (Tg) as forças intermo-leculares tornaram-se tão pequenas que as-macromoléculas podem deslizar umas nas outras sob efeito de forças externas. A estabilidade cai abruptamente, enquanto a elongação cresce enormemente. Nesta faixa de temperatura o plástico encontra-se em um estado termoelástico.

Temperatura vítrea

Continuando a elevar-se a temperatura, as forças intermolecu-lares somem completamente. O plástico varia continuamente entre o estado elástico e fundido. Esta passagem é caracterizada pela faixa de temperatura de fluidez (Tf). Não se trata aqui de uma temperatura definida precisamente.

Faixa de temperatura de fluidez

Se o plástico for aquecido ainda mais, a sua estrutura química será degradada. Este limite é caracterizado através da tempera-tura de degradação (Tz).

Temperatura de degradação

Um exemplo de termoplástico amorfo é o PVC rígido (RPVC). Na Figura 6.3 estão registradas as diferentes faixas para cada estado em dependência da temperatura.

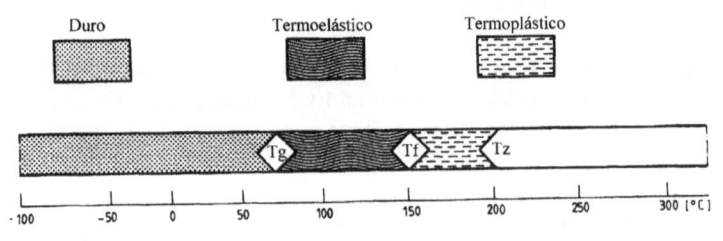

Fig. 6.3 - Faixa de temperaturas do PVC rígido

A temperatura de utilização do PVC rígido situa-se entre cerca de -10 °C e 50 °C. Por volta de 150 °C este material passa ao estado termoplástico.

Diferença

6.3 Termoplástico semi-cristalino

Como já descrito, os plásticos semi-cristalinos diferenciam-se dos amorfos pela existência de dois estados. De um lado a região cristalina, na qual as moléculas estão densamente agrupadas e no outro a região amorfa, na qual as moléculas encontram-se distantes umas das outras. As forças intermoleculares, que mantém unida a região cristalina, são consideravelmente maiores que as da região amorfa. O limite de temperatura onde a região amorfa do plástico se torna termoplástica é caracterizado pela faixa de temperatura de fluidez (Tf) e a da região cristalina pela temperatura de fusão do cristalito (Tk).

O comportamento à alteração de forma de um termoplástico semi-cristalino pode ser visto na Figura 6.4.

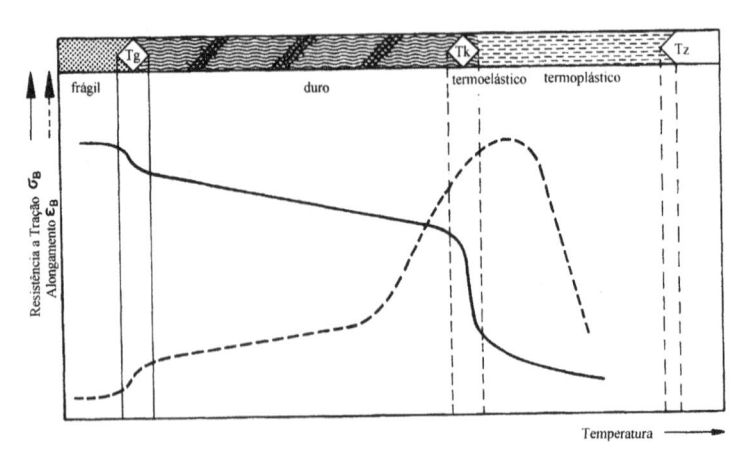

*Fig. 6.4 - Comportamento à alteração de forma de um
termoplástico semi-cristalino*

Abaixo da temperatura vítrea (Tg) todas as zonas do plástico estão solidificadas, sendo assim rígidas e muito frágeis. Dentro desta faixa de temperatura o plástico não é utilizável para aplicações práticas.

Temperatura vítrea

Ultrapassando-se a temperatura vítrea inicia-se a movimentação das cadeias moleculares na região amorfa, na qual as forças intermoleculares não são tão fortes como na região cristalina, que se mantém firme. Esta temperatura situa-se abaixo da temperatura ambiente nos plásticos semi-cristalinos comuns. O plástico possui agora simultaneamente tenacidade e estabilidade.

Elevação de temperatura

Com a elevação da temperatura a movimentação das cadeias moleculares da região amorfa torna-se cada vez mais intensa. Também na região cristalina as moléculas começam lentamente a se movimentarem. Logo será atingida a faixa de temperatura de fluidez (Tf), na região amorfa do termoplástico semi-cristalino, onde as forças intermoleculares cessam totalmente. Continuando a elevar-se a temperatura, aproxima-se da temperatura de fusão de cristalitos (Tk). Acima desta temperatura as forças de ligação são tão fracas que não conseguem evitar o deslize de cadeias moleculares também nas regiões cristalinas do termoplástico semi-cristalino. O plástico inteiro começa então a fundir. Introduzindo-se ainda mais calor, o plástico será destruido quando ultrapassar a temperatu-ra de degradação (Tz).

Faixa de temperatura de fluidez

Temperatura de fusão do cristalito

Temperatura de degradação

Um exemplo de termoplástico semi-cristalino é o polietileno baixa densidade (PEBD). Na Figura 6.5 são mostradas as mais importantes faixas para cada estado em dependência da temperatura.

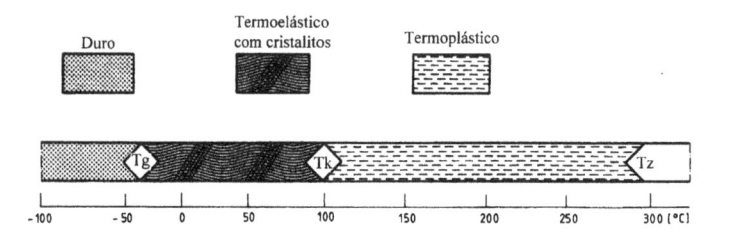

Fig. 6.5 - Faixa de temperaturas do PEBD

A faixa de temperatura na qual o PEBD pode ser usado na prática situa-se entre cerca de -15 °C e 85 °C.

CD

O limite superior da temperatura de utilização do termoplástico amorfo PC, do qual o CD é produzido, é de 135 °C. Assim, um CD que fica sobre o painel de um carro sob ação direta do sol e é aquecido até 80 °C, continua funcionando sem problemas.

6.4 Comportamento dos plásticos encadeados

Módulo de compressão

O comportamento à alteração de forma dos elastômeros e durômeros pode ser melhor explicado com auxílio de ensaio de torção. No ensaio de torção será medido o módulo de compressão G do plástico.

Rigidez

O módulo de compressão é uma medida da rigidez do plástico. Ele é registrado na Figura 6.6 em dependência da temperatura para diferentes níveis de encadeamento do plástico.

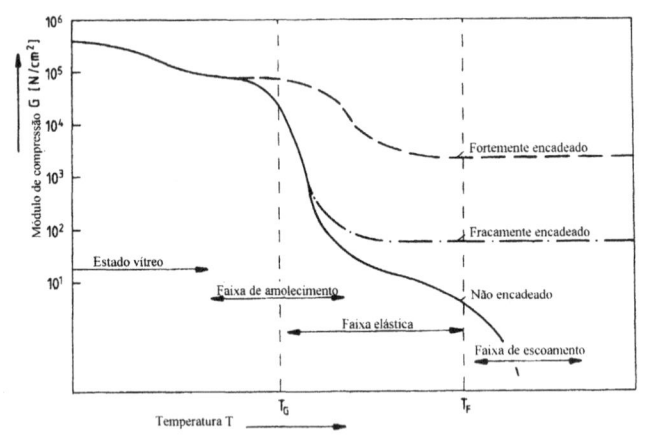

Fig. 6.6 - Curvas de módulo de compressão para plásticos encadeados

Temperatura vítrea

Na faixa abaixo da temperatura vítrea (Tg) o plástico é rígido e frágil, independentemente do seu nível de encadeamento.

Elastômero

A curva do módulo de compressão de plásticos fracamente encadeados (elastômeros) cai ao ultrapassar a temperatura vítrea, de formas que o plástico apresenta apenas uma pequena rigidez.

Temperatura de degradação

Ao contrário dos termoplásticos, os plásticos fracamente encadeados mantém esta rigidez também ao se elevar a temperatu-ra. O motivo desse comportamento são os pontos de encadea-mento nos elastômeros, que impossibilitam um deslizamento das moléculas entre si. Portanto, o plástico não funde, mas sim é destruido ao ser ultrapassada a temperatura de degradação (Tz).

Um exemplo de elastômero é a borracha natural. Suas faixas de temperatura são apresentadas na Figura 6.7. A temperatura de utilização da borracha natural situa-se, assim, na faixa de -40 °C a 130 °C.

Faixa de temperaturas

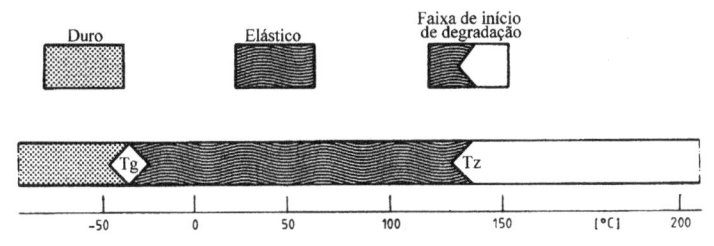

Fig. 6.7 - Faixa de temperaturas da borracha natural

Durômero

Se o plástico for fortemente encadeado (durômero), a rigidez do plástico cai apenas um pouco, mesmo na região de amolecimento. Devido aos vários pontos de encadeamento entre as moléculas individuais, a movimentação entre as macromoléculas é extremamente limitada. Como nos elastômeros, também os durômeros não são fusíveis. Também eles serão destruidos acima da temperatura de degradação.

Faixa de temperaturas

Como exemplo é apresentada, na Figura 6.8, a faixa de temperaturas de um durômero de poliéster insaturado.

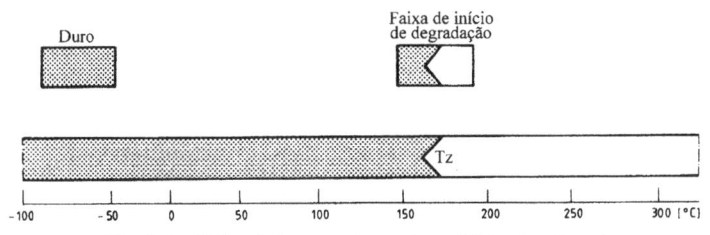

Fig. 6.8 - Faixa de temperaturas do poliéster insaturado

A temperatura de utilização desses durômeros situa-se abaixo de 170 °C.

Exercícios de Controle da Lição 6

Nº Questão	Resposta
1 À tensão sob carga máxima denomina-se de _____ .	resistência tração elongação
2 Resistência à tração é uma medida para a _____ do plástico.	elasticidade estabilidade tenacidade
3 A elongação é uma medida para a _____ do plástico.	tenacidade resistência tração
4 A faixa de temperatura de utilização do PVC rígido vai de -10 °C até cerca de _____ °C.	+ 50 + 100 + 150
5 A temperatura vítrea (Tg) de termoplásticos semi-cristalinos situa-se normalmente _____ da temperatura ambiente.	abaixo acima
6 A faixa de temperatura de utilização para o termoplástico semi-cristalino PEBD situa-se entre cerca de _____ °C e 85 °C.	- 15 + 15
7 O CD é feito do termoplástico _____ policarbonato (PC), porque ele necessita ter boa característica de transparência.	amorfo semi-cristalino
8 O módulo de compressão de um plástico encadeado é uma medida para a sua _____.	rigidez estabilidade tenacidade
9 Elastômeros e durômeros não fundem porque eles são _____.	entrelaçados encadeados
10 A faixa de utilização da borracha natural situa-se entre cerca de -40 °C e _____ °C.	+ 40 + 130 + 180

Comportamento dos Plásticos em Dependência do Tempo

Perguntas Dirigidas Como se comporta, com o tempo, a estabilidade de um plástico submetido a um carregamento?
O que se entende por "rastejamento" de um plástico?
Como o tempo e da temperatura influenciam na estabilidade de um plástico e com isto na sua aplicabilidade prática?

Assunto Física dos Plásticos

Conteúdo
1 Comportamento dos plásticos sob carga
2 Influência do tempo sobre o comportamento mecânico
3 Comportamento recuperativo dos termoplásticos
4 Dependência dos plásticos a temperatura e ao tempo

Exercícios de Controle da Lição 7

Conhecimento prévio
Forças de Ligação nos Polímeros (Lição 4)
Comportamento de Plásticos em Relação à Variação de Forma (Lição 6)

7.1 Comportamento dos plásticos sob carga

Ensaio de tração

Em um ensaio de tração submetemos, ao mesmo tempo, um corpo de prova de plástico e um de metal com a mesma força. Os corpos de prova alongam-se como mostra a Figura 7.1. Retirando-se, imediatamente, as cargas dos corpos de prova, estes retornam ao seu comprimento original.

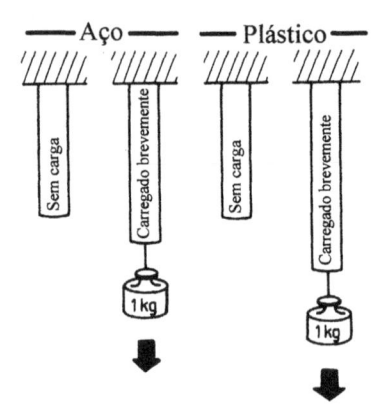

Fig. 7.1 - Deformação dos corpos de prova sob curto carregamento

Tensão

Alongamento

Módulo de elasticidade

Deixemos eles, todavia, carregados e meçamos o quanto os corpos alongaram-se. A força, com a qual os corpos foram carregados, é dividida sobre a superfície transversal. Esta é a tensão que atua no corpo de prova. Quando dividimos a tensão pelo alongamento, obtemos o módulo de elasticidade (E) do corpo de prova. Portanto, ele é uma medida do quanto um material se alonga sob determinado carregamento, ou seja, uma medida de sua estabilidade. Quanto mais alto o módulo de elasticidade, tanto menos se alonga o material e tanto maior é sua rigidez. A Figura 7.2 apresenta o módulo de elasticidade para diferentes materiais.

Material	Módulo de elasticidade E [N/mm^2]
Plásticos	200 - 15.000
Aço	210.000
Alumínio	50.000

Fig. 7.2 - Módulo de elasticidade para diferentes materiais

Pode-se notar que o módulo de elasticidade e, consequentemente, a rigidez do aço é em torno de 1.000 maior que do plástico. Por isso, a alteração do comprimento em um corpo de prova brevemente carregado (Figura 7.1) com mesma carga é menor no corpo de aço do que no de plástico. O módulo de elasticidade determinado em ensaios de curta duração é de importância decisiva na construção de peças técnicas em metais. Todavia, na construção de peças de plástico ele não é tão importante, uma vez que ele apenas fornece um valor orientativo sobre a estabilidade do plástico, pois a rigidez é dependente do tempo.

Comparativo plástico-aço

7.2 Influência do tempo sobre o comportamento mecânico

Nós queremos considerar mais uma vez os dois corpos de prova já citados. Os dois corpos estão agora sob carregamento durante um certo tempo. Medindo mais uma vez o alongamento dos corpos de prova, verificamos que o corpo de metal mantém a mesma deformação anterior. Porém, no corpo de prova de plástico, o alongamento cresceu, apesar de o carregamento manter-se constante. Este é um comportamento típico dos plásticos, que é designado por "rastejamento".

"Rastejamento"

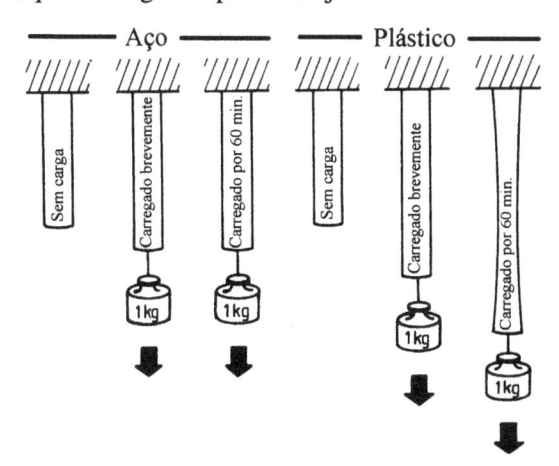

Fig. 7.3 - Deformação dos corpos de prova sob longo carregamento

O "rastejamento" de um plástico pode ser explicado por sua estrutura interna. Como já apresentado, o plástico é composto de macromoléculas enoveladas, que se mantém unidas por forças intermoleculares. Submetendo o plástico a um carregamento, alongam-se inicialmente os "novelos".

Estrutura interna

Alongamento

Deslizamento das moléculas	Este alongamento retorna a posição original quando se retira imediatamente a carga e o carregamento é relativamente pequeno. Carregando-se por um tempo mais longo, as forças intermoleculares soltam-se lentamente. As macromoléculas deslizam entre si. O alongamento decorrente deste deslizamento não é recuperado após a retirada do carregamento.
Visco-elasticidade	O alongamento do plástico é, em parte, elástico (alongamento dos novelos) e em parte plástico, viscoso (deslizamento das moléculas). Por isso o comportamento do plástico é denominado de viscoelástico. Este comportamento é descrito pelo modelo de Maxwell (Figura 7.4).

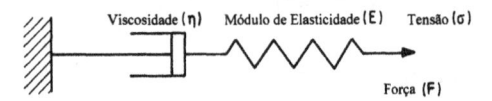

Fig. 7.4 - Modelo de Maxwell

Modelo de Maxwell	O modelo é composto de um amortecedor e uma mola. Carregando-se o sistema com uma força, a mola será alongada espontaneamente, enquanto que o amortecedor não reage de imediato. Somente se o carregamento continuar, o amortecedor irá se alongar lentamente. Retirando a carga do modelo, tem-se o retorno espontâneo do alongamento da mola enquanto que o alongamento do amortecedor não é recuperado (alongamento plástico).

7.3 Comportamento recuperativo dos termoplásticos

Como até aqui descrito, um "novelo" de macromoléculas será alongado sob ação de uma carga e, com isso, as macromoléculas serão esticadas. Retirando-se rapidamente a carga, as moléculas retornarão novamente a sua posição original e o alongamento é recuperado.

Efeito recuperativo	Um comportamento do plástico, que é baseado no mesmo princípio, é o efeito recuperativo. Consideremos um simples tubo de plástico, no qual temos macromoléculas enoveladas (Figura 7.5, posição a).

Nós aquecemos o tubo até que sua temperatura esteja na faixa termoelástica (acima da temperatura vítrea, mas abaixo da temperatura de fluidez). O tubo permite uma dobra relativamente fácil em um ângulo reto (Figura 7.5, posição b). Este processo de aquecimento e moldagem também é denominado, no processamento de plásticos, como transformação. Após a transformação, resfriamos rapidamente o tubo abaixo da temperatura vítrea. O tubo permanece moldado.

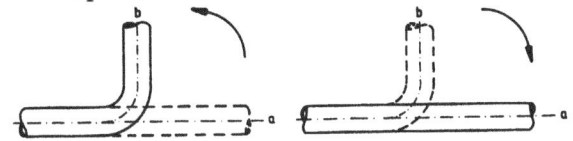

Fig. 7.5 - Comportamento recuperativo de um tubo de plástico

Se pudéssemos observar a região onde o tubo foi dobrado, verificaríamos que ali as moléculas não se encontram mais enoveladas, mas sim esticadas. Falamos de orientação do plástico. Como a temperatura é muito baixa, elas não conseguem movimentar-se de volta a sua forma original enovelada. Diz-se que as orientações estão congeladas.

Orientação

Quando aquecemos novamente o tubo moldado, as moléculas movimentam-se de volta a sua posição inicial e, com isso, puxam o tubo para sua forma original (da posição b para a posição a, na Figura 7.5). As orientações são recuperadas. Este processo é denominado de comportamento recuperativo, ou memória do plástico.

Comportamento recuperativo

Memória do plástico

7.4 Dependência dos plásticos a temperatura e ao tempo

Como já descrevemos, a temperatura e o tempo tem influência decisiva sob o comportamento mecânico dos plásticos. Por isso, a futura temperatura de utilização e o tempo de carregamento tem grande importância no projeto de peças técnicas de plástico, ao contrário do projeto de peças metálicas.

Projeto

Para fornecer um meio de ajuda aos projetistas, com o qual eles possam prever estas duas variáveis, são obtidas, por meio de ensaios, curvas de "rastejamento" dos plásticos (Figura 7.6).

Curvas de "rastejamento"

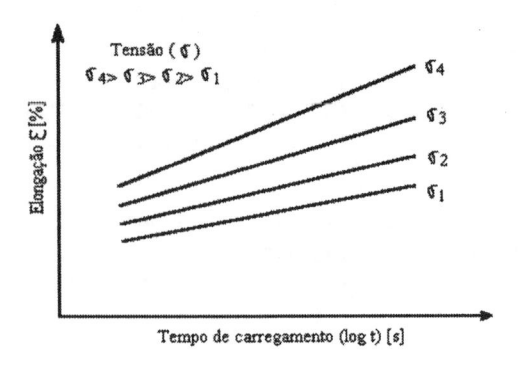

Fig. 7.6 - Curvas de "rastejamento"

Medições	Sob uma determinada temperatura, um corpo de prova de plástico, que apresenta uma superfície transversal definida, será carregado com uma força e as alterações de comprimento ao longo do tempo serão medidas. Os ensaios serão repetidos com diferentes forças e diferentes temperaturas.
Gráfico	Os valores medidos serão traçados como curvas em um gráfico. O gráfico (Figura 7.6) apresenta o alongamento do corpo de prova em dependência do tempo de carregamento. Cada curva refere-se a uma determinada carga, tensão (σ) e temperatura. A tensão σ_1 representa a menor tensão aplicada e a tensão σ_4 a maior.

Para que os gráficos sejam compreensíveis, muitas vezes são traçadas curvas que servem, por exemplo, apenas a uma determinada temperatura. Assim pode-se visualizar facilmente, a partir destes gráficos, a deformação das curvas sob ação de diferentes carregamentos. Os carregamentos são apresentados como tensões, isto é, como carregamento por seção transversal. Desta forma os dados podem ser usados para interpretação de peças com qualquer seção transversal.

Comumente é mais adequado que os projetistas disponham destas informações contidas em um gráfico de curvas de "rastejamento" de uma outra maneira. Assim, os gráficos aqui apresentados podem ser traçados de uma outra forma.

Diagrama de tempo	Da mesma forma, um outro gráfico é o diagrama de tempo. Nele é representada a tensão sob temperatura constante e o alongamento (ε) em dependência do tempo (Figura 7.7).

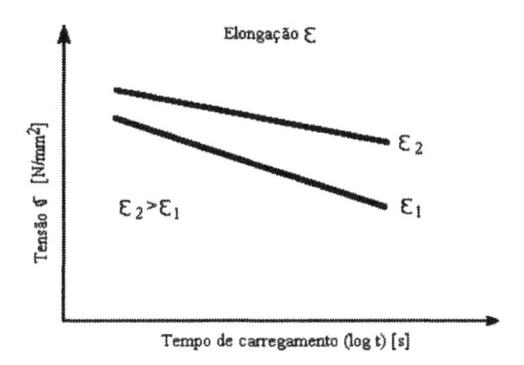

Fig. 7.7 - Diagrama de tempo

Do diagrama de tempo podem ser obtidas facilmente as tensões admissíveis e com elas os carregamentos, quando um determinado alongamento de uma peça a ser produzida não puder ser ultrapassado.

Um outro gráfico é o diagrama de tensão-alongamento isócrono. Aqui é representada a tensão sob um tempo constante (iso = igual, cronos = tempo) e a tensão em dependência do alongamento (Figura 7.8).

Diagrama tensão- alongamento

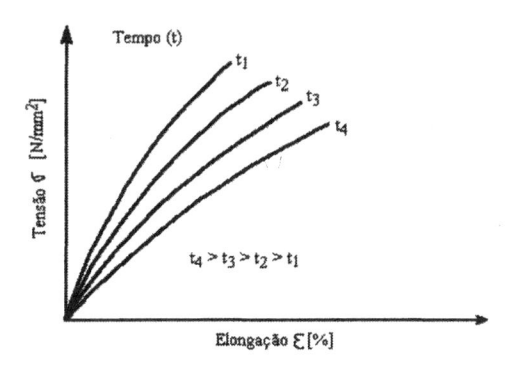

Fig. 7.8 - Diagrama tensão-alongamento isócrono

Deste gráfico pode-se obter facilmente a região do plástico na qual o alongamento varia linearmente com a tensão.

Nós queremos mostrar uma vez como se trabalha com um diagrama de tempo. A Figura 7.9 mostra um diagrama de tempo do PMMA para uma temperatura de 23°C. Vamos admitir que uma peça seja submetida a uma tensão de 40 N/mm^2 a 23°C.

Quanto tempo levaria até que ela quebrasse? Quanto tempo levaria, sob as mesmas condições e uma tensão de 50 N/mm^2 até a quebra?

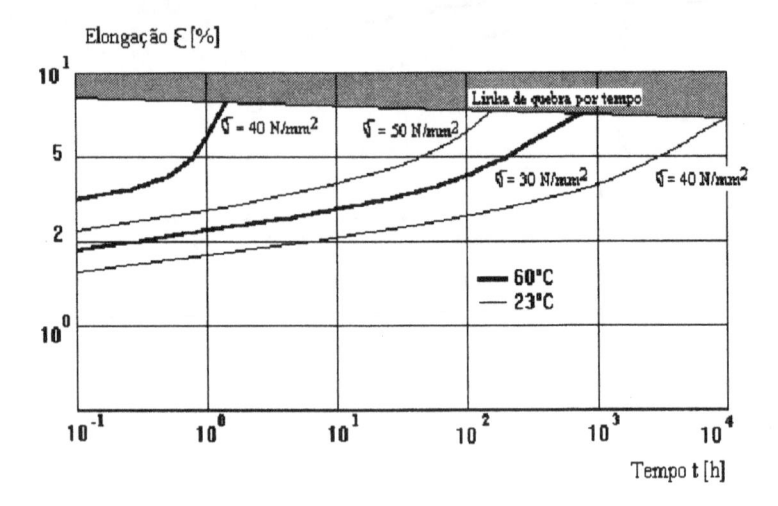

Fig. 7.9 - Diagrama de tempo para o PMMA

Para a tensão de 40 N/mm^2 obtem-se um tempo de cerca de 10^4 horas, o que representa aproximadamente 14 meses. Para 50 N/mm^2 obtem-se um tempo de 2,6 x 10^2 horas, ou seja, 11 dias.

Aqui pode-se ver o quão forte é o comportamento do plástico em relação ao tempo e que não se pode, sob nenhuma situação, descuidar deste ponto no projeto de peças de plástico.

Consideremos agora o PMMA sob o mesmo carregamento (40 N/mm^2) mas em diferentes temperaturas. Como vimos acima, são necessários 14 meses até que o PMMA quebre a uma temperatura de 23°C. Elevando-se a temperatura para 60°C, podemos verificar que não são mais 14 meses, mas sim apenas 1,5 hora (90 minutos) antes que o plástico quebre. A variação no comportamento com a alteração da temperatura é, portanto, mais drástica que a dependência do carregamento.

Exercícios de Controle da Lição 7

N.º Questão	Resposta
1 O módulo de elasticidade é uma medida da _____ de um material.	estabilidade rigidez plasticidade
2 O módulo de elasticidade do aço é até ____ vezes maior que o do plástico.	10 100 1.000
3 O alongamento de um plástico é _____ do valor e tempo de carregamento.	independente dependente
4 À alteração do alongamento de um plástico sob carregamento constante chama-se de _____.	deslizamento rastejamento
5 O efeito recuperativo pode ser notado ao _____ um plástico transformado.	aquecer-se resfriar-se
6 As moléculas esticadas e solidificadas são chamadas de _____.	orientações tensões
7 O comportamento dos plásticos em dependência da _____ deve ser considerado no projeto.	tempo/temperatura temperatura tempo
8 Como ferramentas de apoio aos projetistas existem gráficos como o da curva de "rastejamento", o _____ ou o diagrama tensão-alongamento isócrono.	diagr. tempo diagr. estabilidade ao longo tempo
9 O alongamento (ε) do PMMA é cerca de ____ % sob um carregamento de 30 N/mm2 e uma temperatura de 60°C após 14 dias (Obter valor da Figura 7.9).	2 5 10
10 Com um tempo de cerca de _____ h, o alongamento do PMMA atinge o valor de 5% sob um carregamento de 50 N/mm2 e uma temperatura de 23°C (Obter valor da Figura 7.9).	10 50 100

Propriedades Físicas

───

Perguntas Dirigidas   Qual a densidade dos plásticos em relação aos metais?
Como é a condutibilidade térmica dos plásticos?
Como é a condutibilidade elétrica dos plásticos?
Quais as propriedades óticas dos plásticos?

Assunto   Física dos Plásticos

Conteúdo
1 Densidade
2 Condutibilidade térmica
3 Condutibilidade elétrica
4 Permeabilidade a luz
5 Dados característicos dos materiais plásticos

Exercícios de Controle da Lição 8

Conhecimento prévio   Fundamentos dos Plásticos (Lição 1)

8.1 Densidade

Os plásticos apresentam uma densidade relativamente baixa se comparados a outros materiais (Figura 8.1). A faixà de variação de densidade dos plásticos estende-se de aproximadamente 0,9 g/cm^3 até 2,3 g/cm^3. Aos plásticos de mais baixa densidade pertencem, por exemplo, polietileno (PE) e polipropileno (PP). Ambos os materiais possuem densidade menor que a da água. Eles boiam na água. Por isso é possível separar estes dois plásticos de outros mais pesados, com o uso de água. A densidade da maioria dos plásticos situa-se na faixa de 1 a 2 g/cm^3. Somente em alguns poucos casos a densidade é maior que 2 g/cm^3, como por exemplo, o politetrafluoretileno (PTFE).

Material	Densidade ρ [g/cm^3]
Plásticos	0,9 - 2,3
- PE	0,9 - 1,0
- PP	0,9 - 1,0
- PC	1,0 - 1,2
- PA	1,0 - 1,2
- PVC	1,2 - 1,4
- PTFE	> 1,8
Aço	7,8
Alumínio	2,7
Madeira	0,2 - 0,95
Água	1,0

Fig. 8.1 - Densidade de diferentes materiais

A densidade de outros materiais é, em parte, várias vezes maior. Assim, a densidade do alumínio é algo em torno de 2,7 g/cm^3 e a do aço 7,8 g/cm^3. A maior densidade dos outros materiais é explicada por dois motivos:

- de um lado os átomos (alumínio, ferro) são mais pesados que os átomos de carbono, nitrogênio, oxigênio ou hidrogênio, com os quais os plásticos são estruturados;
- de outro, a distância média entre os átomos dos plásticos é, em parte, maior que nos metais.

8.2 Condutibilidade térmica

Uma medida para avaliar o quanto um material pode transportar calor é sua condutibilidade térmica. A condutibilidade térmica dos plásticos situa-se na faixa de 0,15 a 0,5 W/mK. Este é um valor muito baixo. Na Figura 8.2 estão apresentados os valores de condutibilidade térmica para outros materiais em comparação com o plástico.

Por exemplo, os metais tem valores até 2.000 vezes maiores. Eles conduzem muito bem o calor. Ao contrário destes, o ar conduz o calor 10 vezes pior que o plástico.

Material	Condutibilidade térmica λ [W/m.K]
Plásticos	0,15 - 0,5
- PE	0,32 - 0,4
- PA	0,23 - 0,29
Aço	17 - 50
Alumínio	211
Cobre	370 - 390
Ar	0,05

Fig. 8.2 - Condutibilidade térmica de diferentes materiais

Fundamentos

Um motivo para a baixa condutibilidade térmica dos plásticos é a falta de elétrons livres no material. Como os metais possuem estes elétrons, eles conduzem bem tanto energia elétrica como também calor.

Processamento

Uma desvantagem da péssima condutibilidade térmica aparece no processamento dos plásticos. O calor necessário para o processamento só pode ser introduzido lentamente no plástico e no final do processamento, também é novamente de difícil remoção.

Utilização

Todavia, o que se mostra como desvantagem no processamento, pode ser uma vantagem no uso diário. Assim, por exemplo, os plásticos são usados como pegadores, pois ao aquecer uma panela eles não esquentam tão rapidamente quanto os metais, permitindo que se retire a panela do fogão sem queimar os dedos. Também na construção civil os plásticos são utilizados como isolantes. Como o ar conduz menos ainda o calor, é "misturado" ar no plástico. Obtém-se assim um plástico esponjoso, que possui um valor de condutibilidade térmica intermediário. Por outro lado, pode-se introduzir pig-mentos metálicos para elevar a condutibilidade térmica. Pode-se ver na Figura 8.3 como as diferentes misturas atuam sobre a condutibilidade térmica.

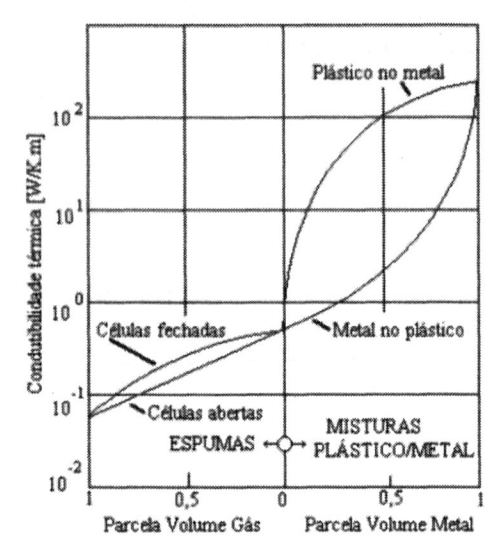

Fig. 8.3 - Condutibilidade térmica de compostos plásticos

8.3 Condutibilidade elétrica

Condutibilidade elétrica

Uma medida que permite avaliar o quanto um material pode transportar a energia elétrica é a sua condutibilidade elétrica. Em geral, os plásticos conduzem muito mal a energia elétrica. Eles tem elevada resistência e com isso baixa condutibilidade em comparação com outros materiais (Figura 8.4). A resistência elétrica dos plásticos é dependente da temperatura. Ela cai com o aumento da temperatura e o plástico conduz melhor.

Material	Condutibilidade elétrica S [m/Ohm.mm^2]
PVC	10^{-15} (até cerca de 60°C)
Aço	5,6
Alumínio	38,5
Cobre	58,5

Fig. 8.4 - Condutibilidade elétrica de diferentes materiais

Fundamentos

Elevação

Um motivo para a baixa condutibilidade elétrica dos plásticos é a falta de elétrons livres, como os encontrados nos metais. Pode-se melhorar a condutibilidade elétrica dos plásticos introduzindo pó metálico nele. Na Figura 8.5 é possível ver o efeito desta ação na resistência elétrica do plástico.

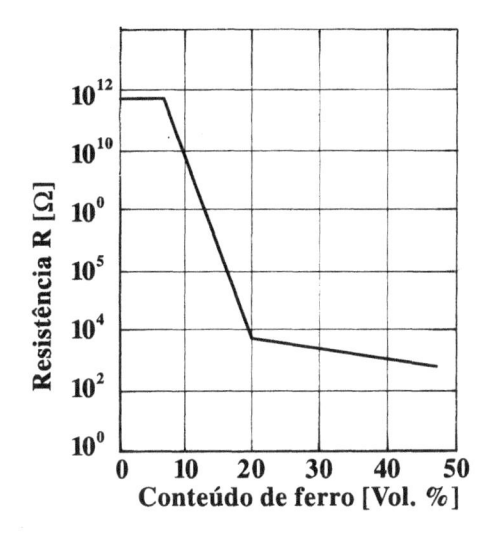

Fig. 8.5 - Resistência de um plástico preenchido com pó metálico

Como se pode ver, a resistência cai de um fator de 10.000.000 (10 milhões) com a mistura de 20% de metais. Devido a sua grande resistência elétrica, os plásticos são muito utilizados como isolantes em equipamentos elétricos e fios.

Isolamento

8.4 Permeabilidade à luz

Como transparência ou nível de transmissão denomina-se a relação entre a intensidade da luz atravessada sem refração e a intensidade de luz incidente. Os termoplásticos amorfos, como o PC, PMMA, PVC bem como a resina UP, não se diferenciam consideravelmente em sua transparência dos vidros. A transparência chega a cerca de 90% (Figura 8.6). Isto corresponde a um nível de transmissão de 0,9. O equivalente a 10% da luz é perdido por reflexão e absorção.

Nível de Transmissão

Material	Transparência [%]
PC	72 - 89
PMMA	92
Vidro de janela	90

Fig. 8.6 - Transparência de diferentes materiais

Porém, uma desvantagem dos plásticos é que influências do meio ambiente, como por exemplo, atmosfera ou variação de temperatura, podem causar turbidez e com isso, piora da transparência.

Influências do meio ambiente

CD

Como o termoplástico amorfo policarbonato (PC) apresenta, entre outras propriedades, uma boa transparência, o CD será fabricado a partir deste plástico.

8.5 Dados característicos dos materiais plásticos

Classes de propriedades

As propriedades físicas dos plásticos aqui apresentadas não são todas as propriedades que eles possuem. As diferentes propriedades podem ser agrupadas em classes, como por exemplo, a classe das propriedades mecânicas ou térmicas. Para as diferentes propriedades de cada classe pertencem quase sempre vários dados físicos, que descrevem as propriedades dos plásticos. Baseado nestes valores, o projetista pode selecionar o plástico que corresponde às suas necessidades.

Bancos de dados

Para facilitar a busca do plástico correto, existe, além de tabelas e manuais, também a possibilidade de utilizar o compu-tador. Diferentes fabricantes de plásticos desenvolveram bancos de dados de materiais. Nestes bancos de dados estão armazena-dos os valores das propriedades para diversos plásticos.

Perfil de busca

Os bancos de dados são tão confortáveis que se pode informar os valores mínimos e máximos necessários para determinada propriedade como perfil de busca, e o programa encontra todos os plásticos que satisfaçam a combinação das propriedades procuradas. No final pode-se visualizar as propriedades indivi-duais de cada plástico encontrado. Na Figura 8.7 estão listadas as propriedades mecânicas para o acrilonitrilabutadienoestireno (ABS), como elas aparecem em um banco de dados.

BAYER AG	ABS	NOVODUR P2H-AT		28.1.91
F1 - Help		F2 - Text		ESC - Exit
Mechanical Properties (at 23°C/50% H.R.)				
Density			1.04	g/ml
Stress at yield	(50mm/min)		44	Mpa
Strain at yield	(50mm/min)		2.1	%
Strain at break	(50mm/min)		-	%
Stress at 50% elong.	(50mm/min)		*	Mpa
Tensile strength	(5mm/min)		*	Mpa
Strain at break	(5mm/min)		*	%
Young's modulus	(1mm/min)		2600	Mpa
Creep modulus	1h		2200	Mpa
Creep modulus	1000h		1500	Mpa

Fig. 8.7 - Tela de um banco de dados de materiais (CAMPUS)

Exercícios de Controle da Lição 8

N° Questão	Resposta

1 Plásticos são, via de regra, mais _____ que metais.

leves
pesados

2 A densidade do aço é de 7,8 g/cm^3. A densidade dos plásticos situa-se na faixa de _____ g/cm^3.

0,5 a 0,8
0,9 a 2,3
2,5 a 5,0

3 Os metais tem uma condutibilidade térmica até _____ vezes maior que os plásticos.

20
200
2.000

4 A péssima condutibilidade elétrica dos plásticos pode ser melhorada com a utilização de _____.

pó de giz
pó de metal
pó de vidro

5 A transparência de termoplásticos amorfos é _____ a do vidro.

maior que
menor que
quase igual

6 O CD é feito do plástico amorfo PC devido a sua boa _____.

cond. térmica
transparência
densidade

Fabricação e Transformação de Plásticos

Perguntas Dirigidas Que processos de fabricação existem para os plásticos? Que processos de transformação existem para os plásticos?

Assunto Do Plástico ao Produto

Conteúdo 1 Processos de fabricação e transformação
2 Processos de moldagem dos termoplásticos

Exercícios de Controle da Lição 9

Conhecimento prévio Divisão dos Plásticos (Lição 5)
Comportamento de Plásticos em Relação à Variação de Forma (Lição 6)

9.1 Processos de fabricação e transformação

Matéria-prima

Do plástico, como ele é fabricado por processos químicos, até o produto de plástico, que será usado pelo consumidor, são necessárias algumas etapas intermediárias. A matéria-prima "plástico" é produzida em forma de grãos (chamados de granulados), de pó, pasta ou líquido e então transformada em semi-manufaturado ou peça pronta.

Semi-manufaturado

Produtos acabados

Semi-manufaturados são produtos intermediários, que serão ainda processados em produto final por meio de diferentes técnicas de fabricação, como por exemplo, através de transformação. Exemplos de semi-manufaturados são placas, filmes, tubos e perfis de plástico. Peças prontas são produtos finais, fabricados por exemplo através de processo de injeção. Exemplos de produtos acabados são baldes, engrenagens e carcaças de plástico.

Panorâmica

Na Figura 9.1 é apresentada uma panorâmica sobre processos de fabricação e transformação para o grupo dos termoplásticos e durômeros.

Técnicas de Moldagem	Durômeros	Termoplásticos
Moldagem	Massa fundida será formada ao mesmo tempo que ocorre uma reação química: - massa rígida - resina reativa fluida	Massa fundida será moldada em estado termoplástico
Termoformagem		Semi-manufaturados serão moldados em estado termoplástico
Separação	Moldagem sob tensão	Moldagem sob tensão
União	Processos de união mecânica Colagem	Processos de união mecânica Colagem Soldagem

Durômeros

Fig. 9.1 - Processos de fabricação e transformação

Na tabela acima é possível verificar que não foi citado nenhum processo de transformação para os durômeros - serve também para os elastômeros. Plásticos encadeados não possuem uma faixa de estado termoplástico e, devido a este fato, não podem mais ser transformados após o processo de endurecimento.

A moldagem de plásticos sob tensão, da qual fazem parte os processos de torneamento, fresagem, serra, entre outros, é caracterizada pela designação genérica de "separação".

Separação

Os processos de união dos plásticos, dos quais fazem parte a colagem e a soldagem, bem como os processos mecânicos de parafusar, rebitar e assim por diante, são caracterizados pela designação genérica de "união".

União

A termoformagem, separação e união são agrupadas sob a designação de processos de transformação, enquanto que os processos de moldagem, como a extrusão e a injeção, compoem a fabricação.

Transformação
Fabricação

9.2 Processos de moldagem dos termoplásticos

A Figura 9.2 mostra uma coletânea dos processos de moldagem em relação ao estado físico de termoplásticos.

Técnicas de Moldagem	ESTADO		
	rígido	termoelástico	termoplástico
Moldagem			Extrusão
			Fundição
			Calandragem
			Injeção
			Prensagem
			Sinterização
Termoformagem		Chanfro/dobra	
		Estampo	
		Repuxo	
		Repuxo profundo	
		Processos combinados	
Separação	Furação		
	Torneamento		
	Fresagem		
	Aplainamento		
	Serra		
	Corte		
	Retificação		
União	Parafusagem		Soldagem
	Rebitagem		
	Colagem		

Fig. 9.2 - Coletânea de processos de moldagem

Para os plásticos encadeados (durômeros e elastômeros) não existe esta classificação. Estes plásticos só podem ser produzidos já com a forma final do produto após o processo de encadeamento. Em conseqüência, eles só podem ser transformados mecanicamente por união ou separação. Estes plásticos também não podem ser soldados, já que eles não possuem uma faixa termoplástica.

Exercícios de Controle da Lição 9

<u>N⁰ Questão</u>   <u>Resposta</u>

1 Injeção é um processo de produção, que pertence a _____ .

transformação
moldagem
união
separação

2 Termoformagem é um processo de produção, que pertence a _____ .

transformação
moldagem
união
separação

3 _____ é um processo de união.

colagem
extrusão
termoformagem

4 _____ é um processo de separação.

serra
soldagem
colagem

5 Durômeros e elastômeros não podem ser _____, já que eles não apresentam uma região termoplástica ao serem aquecidos.

fabricados
transformados

6 Qual o processo de união que não pode ser utilizado com os durômeros? _____

colagem
soldagem
união mecânica

Lição 10 ───────────────────────────────────

Preparação dos Plásticos

───

Perguntas Dirigidas   Porque os plásticos são preparados?
Que funções tem cada aditivo?
Que passos de preparação existem?

Assunto   Do Plástico ao Produto

Conteúdo
1 Visão geral
2 Aditivação e dosagem
3 Mistura
4 Plastificação
5 Granulagem
6 Moagem

Exercícios de Controle da Lição 10

Conhecimento prévio   Matéria-prima e Síntese dos Polímeros (Lição 2)
Propriedades Físicas (Lição 8)

10.1 Visão geral

Preparação

Até aqui temos visto como se obtém o plástico a partir da matéria-prima. Para se garantir uma boa fabricação e, respectivamente, boas propriedades na utilização posterior deste plástico, é necessário prepará-lo adequadamente. Desta forma, através da preparação, o plástico obtém as propriedades de fabricação e utilização necessárias. A Figura 10.1 mostra uma visão geral das diferentes maneiras de preparação.

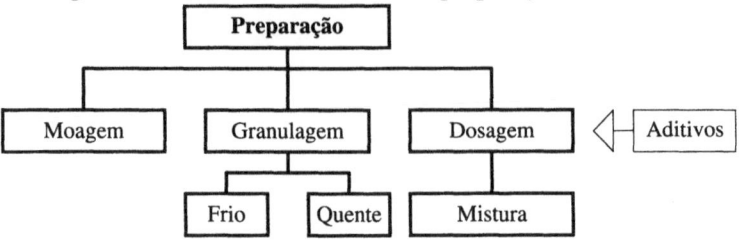

Fig. 10.1 - Maneiras de preparação

Objetivos

A preparação tem dois objetivos importantes. De um lado os aditivos, que podem aparecer em quantidades completamente variáveis, devem ser divididos igualmente no composto, e de outro, o plástico deve ser levado à uma forma (por exemplo, granulado) que facilite a posterior fabricação.

10.2 Aditivação e dosagem

Propriedades

Aditivos

Pode-se variar as propriedades dos plásticos através de uma preparação orientada de seus aditivos (Figura 10.2).

Aditivos	Efeito
Antioxidantes (termoestabilizantes)	Impedem as reações de degradação do plástico por oxidação
Fotoestabilizantes	Impedem as reações de degradação do plástico por incidência luminosa (luz UV)
Lubrificantes	Influem nas propriedades de fabricação do plástico durante a plastificação
Diluentes	Reduzem o módulo de elasticidade
Pigmentos	Colorem o plástico
Reforços	Elevam o módulo de elasticidade

Fig. 10.2 - Aditivos para a fabricação de plástico

Sobre os efeitos destes aditivos, citaremos mais adiante exemplos de termoestabilizantes e diluentes. Assim, um termoestabilizante age de formas que o plástico possa manter o nível de temperatura necessário para seu processamento sem ocorrência de degradação. Este aditivo facilita, portanto, o processamento do plástico.

Termo-estabilizante

Através de diluentes os plásticos são transformados de naturalmente rígidos e frágeis em flexíveis e dobráveis, permitindo sua utilização em setores totalmente novos. Dessa forma pode-se obter, de um plástico rígido e frágil, um filme flexível e tenaz. O aditivo altera, portanto, as propriedades de aplicação do plástico.

Diluente

Dosagem

Como a introdução de aditivos na matéria-prima depende de uma correta dosagem de cada componente individual, é necessário que se meçam as quantidades. A medição pode ser feita de duas maneiras: por volume ou por peso de plástico.

Modos de dosagem

A medição pelo volume tem a desvantagem de ser relativamente imprecisa, uma vez que os materiais são normalmente apresentados em grãos. Os espaços entre os grãos são de diferentes dimensões, de forma que para mesmos volumes geralmente as parcelas relativas de componentes são diferentes. A vantagem é o preço relativamente baixo dos aparelhos.

Dosagem por volume

A medição por peso, isto é, a pesagem, é consideravelmente mais precisa e é muito mais facilmente automatizável do que a medição por volume. Infelizmente os equipamentos necessários são bem mais caros.

Dosagem por peso

10.3 Mistura

O objetivo da mistura é distribuir os aditivos de maneira mais homôgenea possível no plástico sem tensioná-lo demasiadamente. Isto acontece, vias de regra, em máquinas com trabalho descontínuo, que geram um movimento relativo entre os materiais a serem misturados. O processo de mistura é dividido em dois, qual seja, a mistura a frio e a mistura a quente.

Processo de mistura

Mistura a frio

*Mistura
a frio*

A mistura a frio acontece em temperatura ambiente, na qual as partes individuais de componentes são apenas misturadas entre si. Um exemplo deste processo de mistura é o misturador de queda livre (Figura 10.3), no qual o processo de mistura acontece somente pela influência da força da gravidade. Ele serve, principalmente, para misturar materiais de tamanhos de grãos variados.

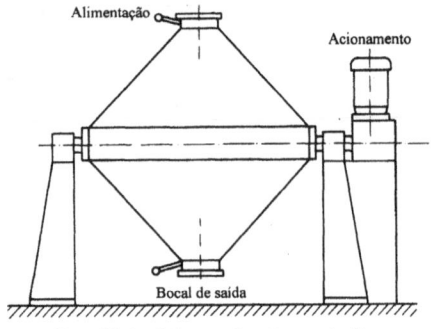

Fig. 10.3 - Misturador de queda livre

Mistura a quente

*Mistura
a quente*

Na mistura a quente acontece um aquecimento dos componentes. A temperatura de 140°C determinados aditivos se fundem e difundem-se no plástico. Os misturadores de moinhos são exemplos de misturadores a quente, e são compostos de misturadores a quente e a frio (Figura 10.4).

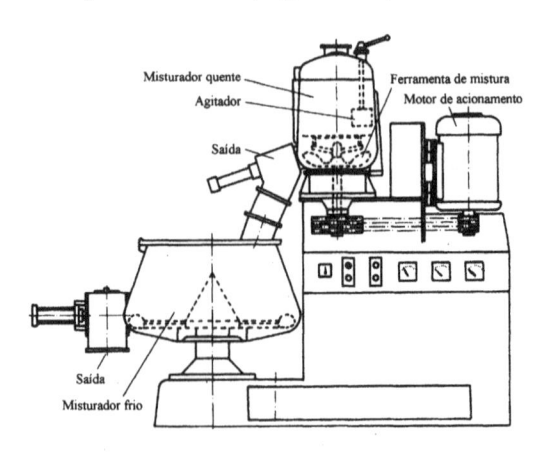

Fig. 10.4 - Misturador de moinho

A ferramenta de mistura do moinho, girando a uma alta rotação, cria um forte movimento relativo das partículas no composto. Pelo calor de atrito gerado e, as vezes por aqueci-mento externo, o composto é fundido. Para que seja possível armazenar bem o composto pronto, ele passa do misturador a quente para o misturador a frio.

Moinhos

10.4 Plastificação

Para se trazer o plástico misturado para uma forma adequada ao processamento posterior, ele é plastificado. Um efeito adicional da plastificação é a homogeneização adicional do plástico. Nesta etapa pode-se ainda acrescentar uma grande quantidade de aditivos (cargas), o que seria inviável economicamente no misturador a quente. Para este fim são utilizados rolos, amassadores e máquinas caracol.

Homogeneização

Aditivos

Na Figura 10.5 pode-se visualizar um exemplo de preparação contínua em um laminador de corte.

Laminadores

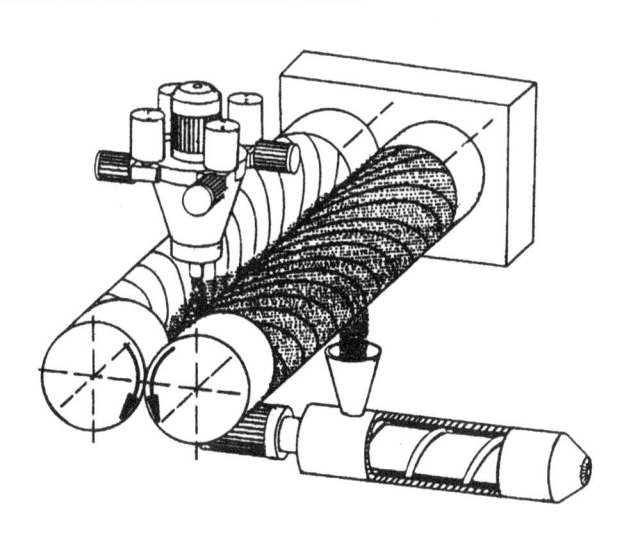

Fig. 10.5 - Preparação contínua em laminador de corte

Um exemplo de um amassador com preparação não contínua é o misturador interno (Figura 10.6). Ele serve bem para a introdução de aditivos em misturas de elastômeros e plásticos tenazes, uma vez que são necessárias forças de corte bastante grandes. A utilização de estampos pneumáticos mantém o conteúdo da câmara de mistura sob pressão e acelera, desta forma, o processo de mistura.

Misturador interno

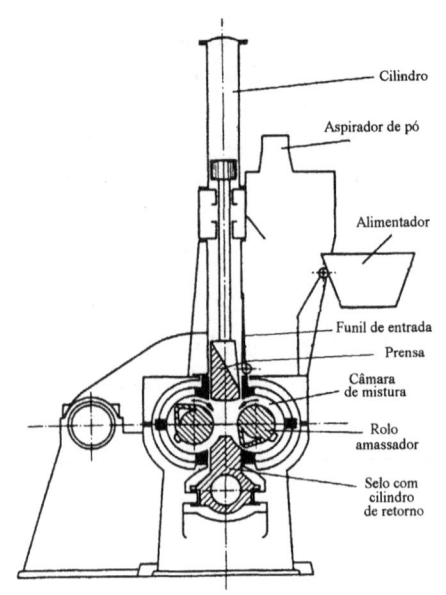

Fig. 10.6 - Misturador interno

10.5 Granulagem

Processo de granulagem

Como granulagem denomina-se o corte do plástico em pequenos pedaços. Aqui existem duas variações de processos, quais sejam, a granulagem a quente e a granulagem a frio.

Granulagem a frio

Na granulagem a frio o plástico, após plastificado, é primeiramente resfriado e finalmente cortado em pedaços (Figura 10.7). A desvantagem é que os pedaços apresentam rebarbas de corte. Estas rebarbas funcionam como cunhas, fazendo com que deslizem de maneira pior que os granulados a quente.

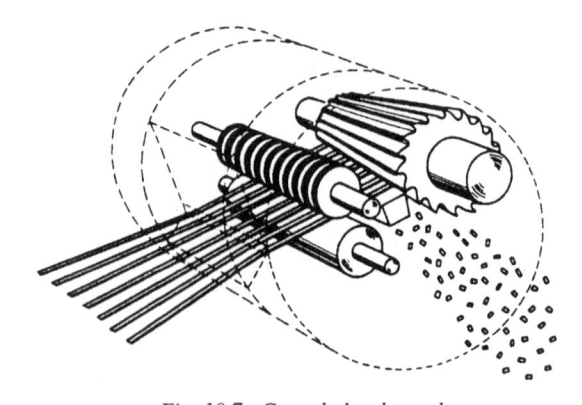

Fig. 10.7 - Granulador de corda

Na granulagem a quente o plástico é plastificado em uma extrusora. Como ferramenta da extrusora é usada uma placa furada simples, através da qual o material será prensado. As cordas que saem são então cortadas pela faca e os pedaços que caem são resfriados pelo ar ou pela água. O processo é representado na Figura 10.8.

Granulagem
a quente

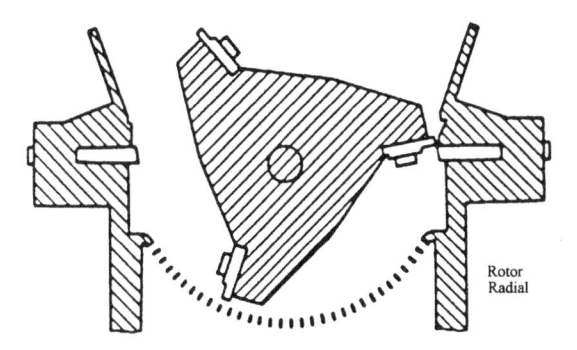

Fig. 10.8 - Granulagem a quente

Uma vantagem do processo é que os pedaços ainda quentes são formados sem rebarbas e cantos ponteaqudos e, por isso, tem maior facilidade de escorregarem.

10.6 Moagem

Através da moagem coloca-se o plástico em uma forma que permita um processamento posterior facilitado. Na granulagem já conhecemos uma utilização. Outra área de aplicação cada vez mais importante é a reciclagem, na qual um conjunto de peças ou o lixo plástico coletado é moido e novamente reutili-zado. Para isso são usados, normalmente, moinhos de corte (Figura 10.9).

Moagem

Fig. 10.9 - Moinho de corte

Exercícios de Controle da Lição 10

Nº Questão	Resposta
1 Os aditivos são agregados ao plástico para melhora das propriedades de utilização e das propriedades _____.	no controle na mistura no processamento
2 Para se distribuir os aditivos da maneira mais homôgenea possível no plástico utilizam-se _____ .	misturadores amassadores moinhos
3 Os aditivos são dosados melhor pelo seu _____, que é um método mais preciso.	peso volume
4 Um amassador serve para a _____ do plástico.	plastificação mistura moagem granulagem
5 Os plásticos granulados a quente escorregam _____ os granulados a frio.	pior que tão bem quanto melhor que
6 Na reciclagem de conjuntos de peças ou do lixo plástico são utilizados _____ para a moagem das partes.	moinhos de corte granuladores de corda laminadores de corte

Extrusão

Perguntas Dirigidas O que caracteriza o processo de extrusão?
Quais os componentes de uma instalação de extrusão?
Que funções preenche cada componente?
Que produtos são fabricados por extrusão?

Assunto Do Plástico ao Produto

Conteúdo 1 Introdução
2 Instalações para extrusão
3 Coextrusão
4 Sopro

Exercícios de Controle da Lição 11

Conhecimento prévio Divisão dos Plásticos (Lição 5)
Propriedades Físicas (Lição 8)

11.1 Introdução

A extrusão é a fabricação de um semi-manufaturado contínuo de plástico. O espectro de produtos estende-se de simples semi-manufaturados como tubos, placas e filmes até perfis complicados. Também é possível um processamento adicional direto do semi-manufaturado ainda quente, por exemplo, por sopro ou calandragem. Como o plástico é completamente fundido durante a extrusão e adquire uma forma completamente nova, classifica-se a extrusão como processo de moldagem.

11.2 Instalações para extrusão

Um esquema do princípio de uma instalação de extrusão é apresentado na Figura 11.1.

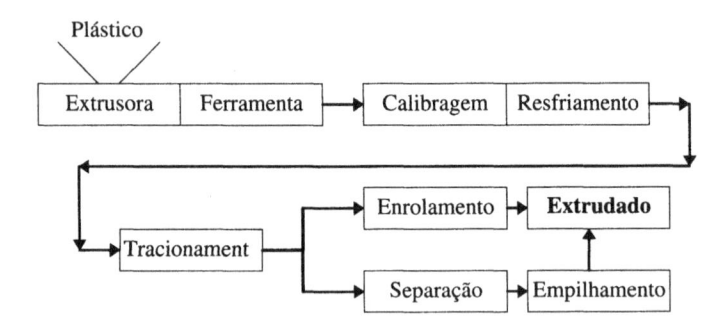

Fig. 11.1 - Instalação de extrusão

A seguir serão explicadas a construção e a função de cada componente.

Extrusora

A extrusora é o componente padrão em todas as instalações e processos baseados em extrusão. Ela tem como função produzir um fundido homogêneo do plástico alimentado - normalmente granulado ou em pó, e conduzí-lo com a pressão necessária através da ferramenta. Uma extrusora é composta pelas partes mostradas na Figura 11.2.

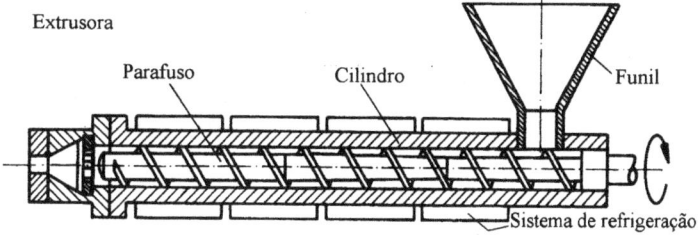

Fig. 11.2 - Extrusora

Funil

O funil tem a função de alimentar por igual a extrusora com o material a ser processado. Como geralmente os materiais não escorregam por si só, os funis são equipados com um agitador adicional.

Alimentação de material

Parafuso (Rosca)

O parafuso exerce várias funções como, por exemplo, puxar, transportar, fundir e homogeneizar o plástico e é, por isto, a peça principal de uma extrusora. O mais difundido é o parafuso de três zonas (Figura 11.3), já que com ele podem ser processados térmica e economicamente a maioria dos termoplásticos. Por este motivo ele será considerado aqui como substituto para todos os tipos de parafusos.

Parafuso de três zonas

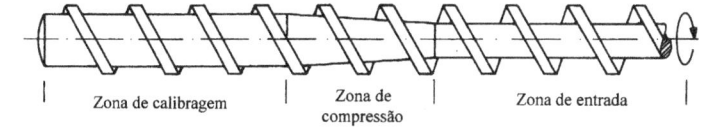

Zona de calibragem | Zona de compressão | Zona de entrada

Fig. 11.3 - Parafuso de três zonas

Na zona de entrada (alimentação) o material, ainda em sua forma rígida, é introduzido e transportado para frente.

Zona de entrada

Na zona de compressão o material é compactado e fundido pela variação do diâmetro do parafuso.

Zona de compressão

Na zona de saída (calibragem) o material fundido é homogeneizado e elevado a temperatura de processamento desejada.

Zona de saída

Uma característica dimensional importante é a relação entre o comprimento e o diâmetro externo (L/D). Esta relação determina a potência da extrusora.

Relação L/D

Além do uso geral do parafuso de três zonas, também podem ser utilizados outros tipos de rosca para aplicações especiais.

Requisitos das extrusoras

Independente da sua forma construtiva, são colocadas as seguintes exigências para todos os parafusos e, consequentemente, para as extrusoras:
- avanço constante, sem pulsação;
- produção de um fundido homogeneizado térmica e mecanicamente;
- processamento do material abaixo de suas faixas limites de degradação térmica, química e mecânica.

Do ponto de vista econômico, é exigida produção em grande escala com baixo custo. No entanto, estas exigências só podem ser preenchidas se existir uma boa combinação de parafuso com cilindro, uma vez que os dois trabalham intimamente ligados.

Cilindro

Tipo de cilindro

A diferença entre cada extrusora reside no tipo de construção do cilindro (Figura 11.4).

Extrusora	**Tipo de cilindro**
Parafuso único	- convencional
	- extração rígida
Duplo parafuso	- mesmo sentido de giro
	- sentido inverso de giro

Fig. 11.4 - Divisão das extrusoras por tipo de construção do cilindro

Extrusora de parafuso único convencional

A extrusora de parafuso único convencional possui um cilindro interno liso. Característico para ela é que a pressão necessária para vencer a resistência da ferramenta é formada na zona de saída. O material é transportado pelo atrito entre os próprios pedaços de material bem como entre os pedaços e a parede do cilindro.

Extrusora de parafuso único com extração rígida

Na extrusora de parafuso único com extração rígida a parede do cilindro é guarnecida ao longo da zona de entrada com ranhuras longitudinais. Estas ranhuras proporcionam um melhor transporte e, com isso, melhor compactação do material. A formação de pressão acontece já na zona de entrada.

Todavia, é necessária a utilização de peças especiais para obtenção da mistura na zona de saída, já que a homogeneização do material neste tipo de extrusora é pior do que na convencional.

A extrusora de duplo parafuso com sentido inverso de giro é utilizada para materiais em pó e, especialmente, para o PVC. A vantagem deste tipo de extrusora é que os aditivos são facilmente misturados no plástico sem exigir em demasia o material mecânica ou termicamente.

Extrusora de duplo parafuso, sentido inverso de giro

No cilindro em forma de 8 os parafusos são construidos de maneira que são formadas câmaras fechadas entre os eixos, obrigando o material a avançar (Figura 11.5). Somente no final do parafuso, onde a pressão é gerada, aparece um fluxo escorrido e o material funde graças ao atrito.

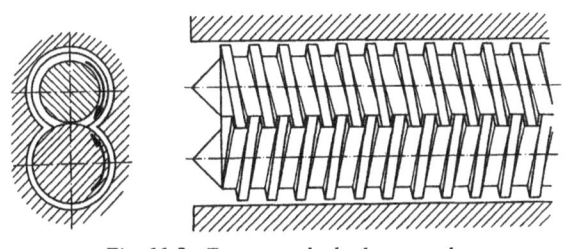

Fig. 11.5 - Extrusora de duplo caracol

A vantagem desta extrusora é que para tempos de passagem curtos e altas temperaturas podem ser processados materiais sensíveis sem que seja ultrapassado o limite de degradação.

A extrusora de duplo parafuso com mesmo sentido de giro é utilizada, na maioria das vezes, para a preparação de poliolefinas. O material avança devido ao atrito entre parafuso e cilindro.

Extrusora de duplo parafuso, mesmo sentido de giro

Sistema de aquecimento

A fusão do material na extrusora não ocorre apenas devido ao atrito, mas também por introdução externa de calor. Para isto existe o sistema de aquecimento. O sistema é dividido em várias zonas, que podem ser aquecidas ou resfriadas isoladamente. São utilizadas geralmente resistências em tiras, no entanto outros sistemas também são empregados, como por exemplo, serpentinas de líquidos.

Introdução de calor

Desta forma pode-se obter uma determinada distribuição de temperatura ao longo do cilindro. Para o processamento de materiais termicamente sensíveis, são utilizados, as vezes, também parafusos aquecidos.

Materiais processados

Diferença de viscosidade

Na extrusão são processados materiais que também são utilizados na injeção. Todavia, existe uma grande diferença entre os dois processos e a partir daí, resultam variadas exigências ao material. Enquanto que na injeção e outros processos é desejável baixa viscosidade e alta fluidez, na extrusão é exigida alta viscosidade. Esta alta viscosidade garante que o material não escoe entre a saída do bico e a entrada do calibrador. Na Figura 11.6 estão listados alguns exemplos de aplicação (extrudados), obtidos a partir do processo de extrusão.

Plástico	Faixa de Temperatura de Processamento	Exemplos de Aplicação (Extrudados)
PE	130 - 200 °C	tubos, tablet, filmes, revestimentos
PP	180 - 260 °C	tubos, filmes planos, tablet, fitas
PVC	180 - 210 °C	tubos, perfis, tablet
PMMA	160 - 190 °C	tubos, perfis, tablet
PC	300 - 340 °C	tablet, perfis, corpos ocos

Fig. 11.6 - Extrudados

Princípio de funcionamento da extrusora

Princípio de funcionamento

O princípio de funcionamento da extrusora se assemelha ao moedor de carne. Como já mencionado, o material é puxado na zona de entrada e empurrado para a zona de compressão. Lá ele é compactado pela diminuição gradativa da altura de passagem, eventualmente aerado e levado ao estado de fundido. Na zona de saída o material é ainda mais homogeneizado e igualmente aquecido (Figura 11.3).

Zonas de mistura

Dependendo de cada tipo de extrusora, a pressão é obtida na zona de entrada ou na de saída. Como o processo de fusão não fornece sempre uma massa fundida completamente homogênea, para estes casos são construidas, no parafuso, zonas de mistura (Figura 11.7).

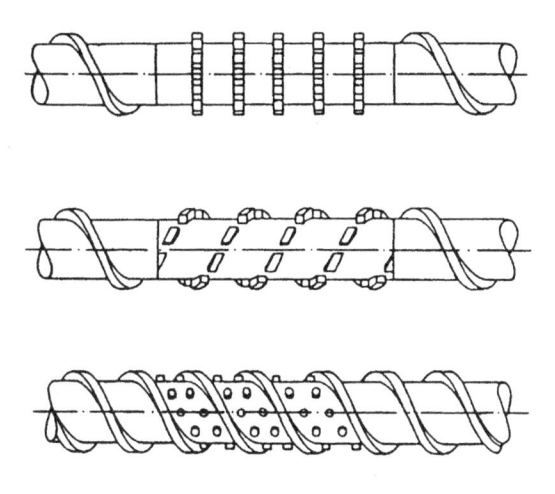

Fig. 11.7 - Zonas de mistura

Ferramentas

Enquanto a extrusora se encarrega de preparar o material para obter um fundido homogeneizado, a ferramenta nela flangeada determina a forma do semi-manufaturado, também denominado de extrudado. Dependendo da forma, diferenciam-se os vários extrudados (Figura 11.8).

Ferramenta

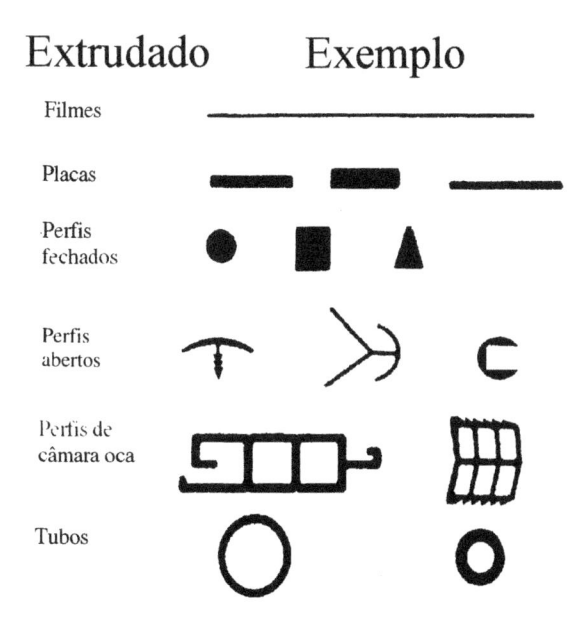

Fig. 11.8 - Formas de diferentes extrudados

Distribuidor de fundido

Todas as ferramentas contém um canal de escoamento, denominado de distribuidor, que é atravessado pelo fluxo de massa e dá a forma desejada ao fundido. Via de regra, todas as ferramentas são aquecidas eletricamente. Algumas ferramentas serão explicadas na seqüência.

Ferramentas de deslocamento ou de torpedo

Para a produção de tubos, mangueiras e filmes tubulares são utilizadas preponderantemente as ferramentas de torpedo (Figura 11.9).

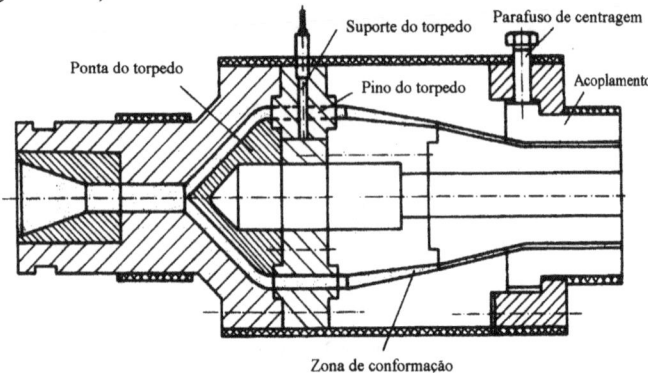

Fig. 11.9 - Ferramenta de torpedo

Ferramenta de torpedo

Estas ferramentas possuem um deslocador, colocado de maneira a permitir o fluxo mais favorável possível, que é unido a parede externa do canal de escoamento por meio de pinos. No lado da extrusora ele é de forma cônica e vai até a saída da ferramenta adquirindo o formato interno do extrudado. A vantagem está na posição central do torpedo, que resulta em uma boa distribuição do fundido. Efeito desvantajoso causam os suportes do torpedo, uma vez que o fluxo ao seu redor gera marcas de escoamento, que são visíveis no semi-manufaturado em forma de pontos finos localizados e riscos.

Parafuso de agitação

Para evitar este tipo de marca de fluxo são utilizados parafusos de agitação ou ferramentas com distribuidor cilíndrico (Figura 11.10). A função do parafuso de agitação é a de gerar uma componente tangencial no fluxo axial, através da qual é obtida uma distribuição homogênea das marcas de fluxo sobre a extensão do semi-manufaturado.

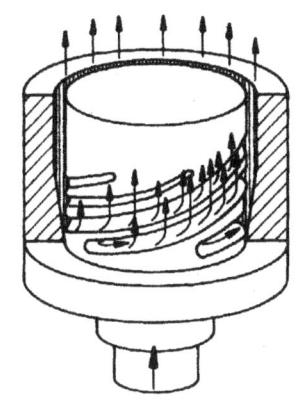

Fig. 11.10 - Ferramenta com distribuidor cilíndrico

A ferramenta com distribuidor cilíndrico não possui suporte de torpedo. Aqui o fluxo radial inicial muda para fluxo axial.

Ferramenta com distribuidor cilíndrico

Ferramenta com distribuidor de fenda larga

Ferramentas com distribuidor de fenda larga servem para a produção de filmes planos e placas (Figura 11.11).

Ferramenta com distribuidor de fenda larga

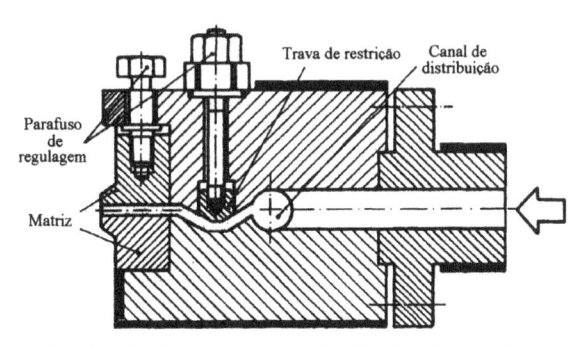

Fig. 11.11 - Ferramenta com distribuidor de fenda larga

Estas ferramentas inicialmente dividem o fluxo na largura e então formam uma fina camada. Desta forma, o cordão de fundidos, geralmente circular, entra em um canal de distribuição, que alarga o fluxo a uma forma retangular e que tem, na maioria dos casos, o formato de um cabide (Figura 11.12).

Ferramenta de cabide

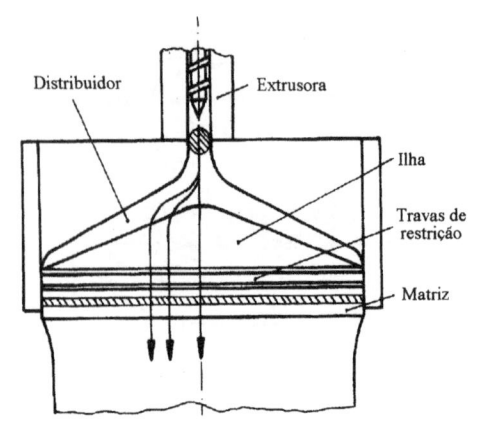

Fig. 11.12 - Ferramenta de cabide

O fundido entra então na, assim chamada, área da ilha, por sobre a trava de restrição. A área da ilha desemboca na matriz, pela qual o material deixa a ferramenta.

Além dessas, existem ainda várias ferramentas para aplicações especiais, como por exemplo, o revestimento de fios.

Instalações complementares

Dispositivo de calibração

Curso de resfriamento

A forma e dimensões do fundido devem ser garantidas após sua saída da ferramenta de extrusão. Esta tarefa é absorvida pelo dispositivo de calibração, que trabalha com auxílio de pressão de ar ou vácuo. O extrudado é pressionado contra as paredes do calibrador e resfria tanto que, ao final do curso de resfriamento ele não pode mais ser deformado.

Os cursos de calibragem e resfriamento devem ser dimensionados em relação ao comprimento de passagem na extrusora e à forma do extrudado. Enquanto os extrudados planos são resfriados nos cilíndros, os perfis, tubos, fios e formas similares utilizam banhos de água, pelos quais o extrudado passa. Comuns são também o resfriamento por ar ou por jato de água.

Dispositivo de tração

Após o resfriamento, há um dispositivo de tração. Sua função é puxar o extrudado com velocidade constante, a partir da ferramenta, pela calibração e resfriamento. O fato de o extrudado resistir a força de tração sem deformar deve-se aos cursos de calibração e resfriamento, que garantem antecipadamente a rigidez necessária.

A última estação de uma instalação de extrusão para tubos, placas e perfis é o dispositivo de separação e empilhamento, e para filmes, cabos e fios, bem como mangueiras, é o dispositivo de enrolamento.

11.3 Coextrusão

O processo de coextrusão é utilizado quando as exigências ao extrudado não são preenchidas por um único material ou quando for possível economizar custos de material através da união de duas camadas externas altamente solicitadas (exigíveis) e uma camada interna barata. O semi-manufaturado é fabricado então de várias camadas de materiais diferentes.

Para se fabricar um composto de diferentes materiais, cada material é plastificado em uma extrusora separada. Em uma ferramenta especial de coextrusão (Figura 11.13) os diferentes fundidos são formados em seus distribuidores próprios e somente pouco antes da saída da ferramenta são unidos e, com isto, fundidos entre si. Atualmente é possível a fabricação de compostos com até sete camadas.

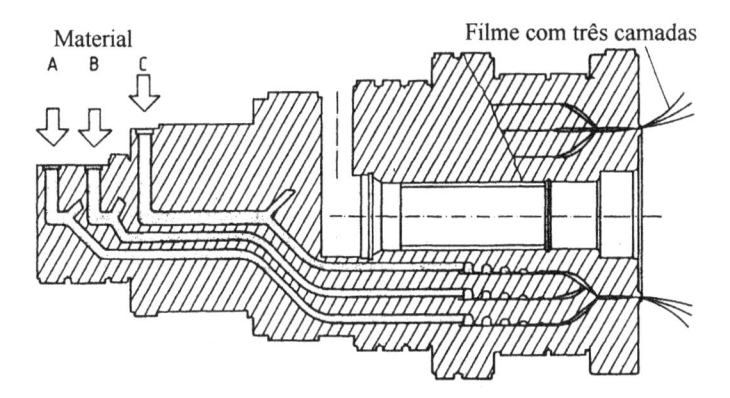

Fig. 11.13 - Distribuidor de três camadas

A coextrusão é utilizada atualmente para a colocação de várias camadas em isolamento de cabos, filmes de embalagens e no processo de sopro.

11.4 Sopro

Produtos

Com o processo de sopro podem ser fabricados nos dias de hoje produtos de termoplástico vazado, como por exemplo, tanque de veículos, latas, pranchas de surf, tanques para óleos de aquecimento e garrafas.

Partes do equipamento

Para isto são necessárias duas partes principais do equipamento:
- uma extrusora (preponderantemente extrusoras de parafuso único) com cabeçote móvel;
- a ferramenta de sopro e a estação de sopro.

Seqüência do processo

A seqüência do processo de sopro é apresentada na Figura 11.14.

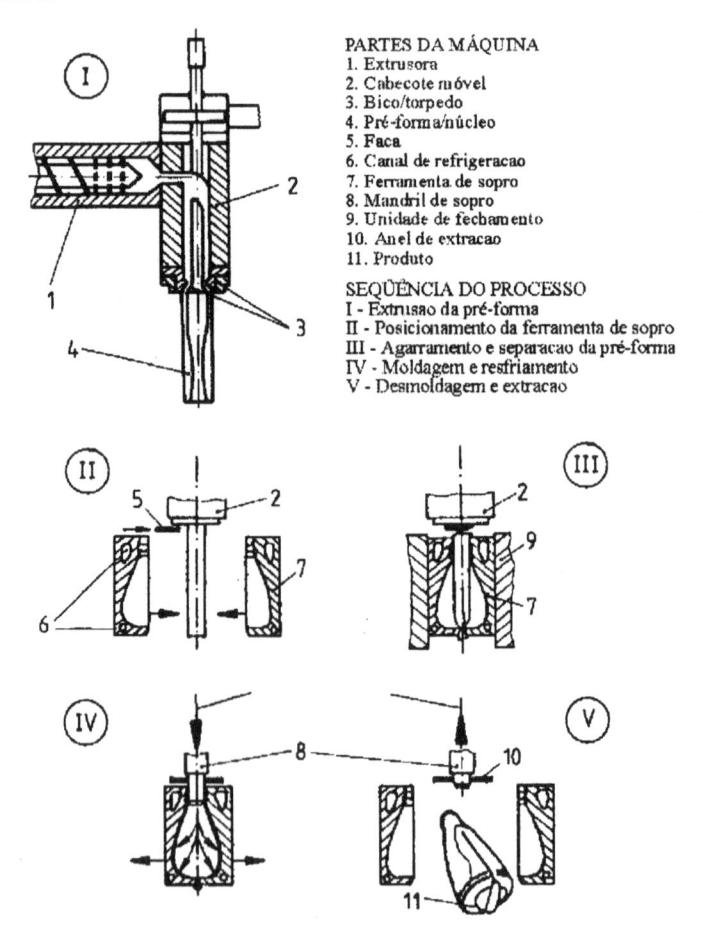

PARTES DA MÁQUINA
1. Extrusora
2. Cabeçote móvel
3. Bico/torpedo
4. Pré-forma/núcleo
5. Faca
6. Canal de refrigeracao
7. Ferramenta de sopro
8. Mandril de sopro
9. Unidade de fechamento
10. Anel de extracao
11. Produto

SEQÜÊNCIA DO PROCESSO
I - Extrusao da pré-forma
II - Posicionamento da ferramenta de sopro
III - Agarramento e separacao da pré-forma
IV - Moldagem e resfriamento
V - Desmoldagem e extracao

Fig. 11.14 - Processo de sopro

Como já descrito, a extrusora processa o plástico até um fundido homogêneo. O cabeçote móvel direciona o fundido, que vem da extrusora em posição horizontal, para a posição vertical, onde uma ferramenta conforma para uma pré-forma similar a uma mangueira. Esta pré-forma está pendurada verti-calemente para baixo.

Pré-forma

A ferramenta de sopro é composta de duas metades móveis, que contém um negativo do produto a ser soprado. Após a pré-forma ter saído do cabeçote móvel, a ferramenta fecha-se sobre esta e solda o fundo por esmagamento. A seguir a máquina movimenta a ferramenta para a estação de sopro.

Ferramenta de sopro

Na estação de sopro o mandril de sopro penetra na ferramenta e, com isso, na pré-forma. Desta forma, o mandril forma e calibra o pescoço do corpo vazado, ao mesmo tempo em que introduz ar na pré-forma (Figura 11.15).

Sopro

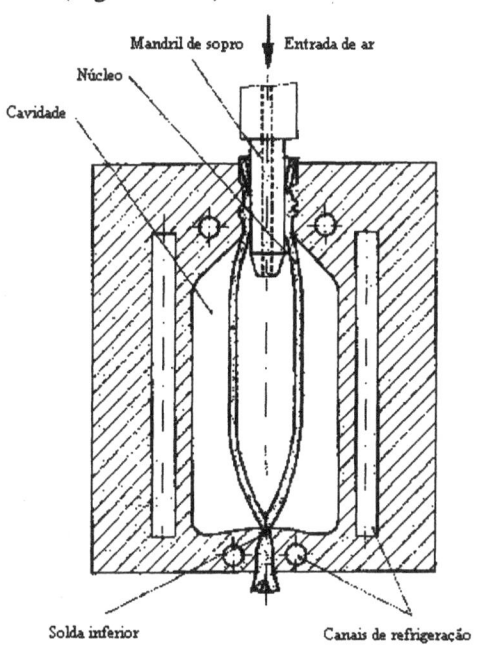

Fig. 11.15 - Ferramenta de sopro

Com o ar surge uma pressão na pré-forma, pela qual ela é soprada e acomoda-se nas paredes da ferramenta. Assim ela obtém a forma desejada. Neste instante inicia também o resfriamento da ferramenta.

Resfriamento   Para reduzir o tempo de resfriamento cria-se na peça uma circulação de ar, por meio de um furo no mandril de sopro. O ar pode então sair por um estrangulamento, que serve para manter a pressão de sopro. Como fluido de sopro pode ser usado tanto ar como CO_2, bem como nitrogênio resfriado.

Após a peça ser suficientemente resfriada e obter, com isto, uma resistência mínima, o cabeçote de sopro retorna, a ferramenta abre e a peça pode ser retirada.

Exercícios de Controle da Lição 11

1 Os produtos são produzidos _____ na extrusão.

continuamente
descontinuamente

2 Que parte de uma instalação de extrusão tem a função de
fundir homogeneamente o plástico?
_____

A calibração
A extrusora
A ferramenta

3 A forma de parafuso mais comum é _____.

de desgaseificação
de curta
   compressão
de três zonas

4 Para que o extrudado, que sai da ferramenta, não "escoe",
o plástico processado deveria possuir uma _____
viscosidade.

baixa
alta

5 A ferramenta determina _____ do extrudado.

o comprimento
a forma
a temperatura

6 A coextrusão serve para a produção de filmes e placas
de _____.

uma camada
várias camadas

7 Tanques de veículos, pranchas de surf e garrafas são
produzidos por _____.

coextrusão
sopro

Perguntas Dirigidas   Como é construida uma injetora?
Que funções tem cada componente?
Como ocorre o processo de injeção?

Assunto   Do Plástico ao Produto

Conteúdo

1 Introdução
2 Máquina injetora
3 Molde
4 Ciclo de produção
5 Injeção de duroplásticos e elastômeros

Exercícios de Controle da Lição 12

Conhecimento prévio   Divisão dos Plásticos (Lição 5)

12.1 Introdução

Injeção

A injeção é o principal processo de fabricação de peças de plástico. Cerca de 60% de todas as máquinas de processamento de plásticos são injetoras. Com elas podem ser fabricadas peças desde miligramas até 90kg. A injeção classifica-se como um processo de moldagem. Na Figura 12.1 é apresentado um esquema do processo de injeção.

Etapa I Plastificação

Etapa II Injeção

Etapa III Desmoldagem e Extração

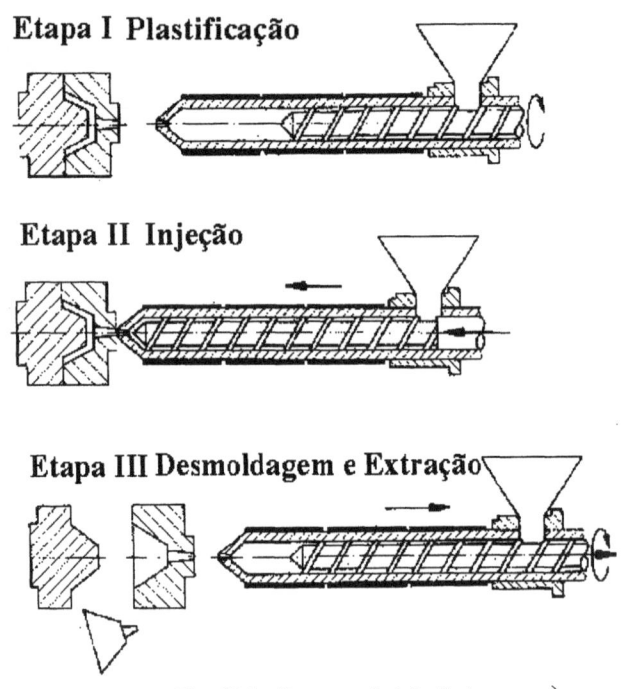

Fig. 12.1 - Processo de injeção (esquema)

Artigos em massa

O processo de injeção é adequado para produção em massa, uma vez que a matéria-prima pode geralmente ser transformada em peça pronta em uma única etapa. Ao contrário da fundição de metais e da prensagem de durômeros e elastômeros, na injeção de termoplásticos com moldes de boa qualidade não surgem rebarbas. Desta forma o retrabalho de peças injetadas é pouco e, ás vezes, nenhum. Assim podem ser produzidas mesmo peças de geometria complexa em uma única etapa.

Pouco retrabalho

Em regra geral, os termoplásticos são processados por injeção, mas também durômeros e elastômeros são processados (Figura 12.2).

Termoplástico	**Durômero**
Polistirol (PS)	Resina poliéster insaturada (UP)
Acrilonitrilabutadieno estirol (ABS)	Resina fenol formaldeído (PF)
Polietileno (PE)	
Polipropileno (PP)	**Elastômero**
Policarbonato (PC)	Borracha nitril butadieno (NBR)
Polimetilmetacrilato (PMMA)	Borracha estirol butadieno (SBR)
Poliamida (PA)	Poli-isoprene (IR)

Fig. 12.2 - Plásticos para injeção

Decisivo para a rentabilidade do processo é o número de peças produzidas por unidade de tempo. Ele depende fortemente do tempo de resfriamento da peça no molde e este, da maior espessura da parede da peça. O tempo de resfriamento cresce com o quadrado da espessura da parede. Por motivos econômicos, é muito rara a produção de peças com grandes espessuras de parede. Normalmente não se encontram paredes de 8mm ou mais. O tempo entre duas injetadas é chamado de tempo de ciclo.

Tempo de resfriamento

Tempo de ciclo

É possível listar as seguintes características sobre a injeção:
- Passagem direta de material fundido para peça pronta;
- Não é necessário nenhum ou apenas pouco retrabalho da peça;
- Processo totalmente automatizável;
- Elevada reprodutividade da peça;
- Elevada qualidade da peça.

12.2 Máquina injetora

Injetoras são, em regra geral, máquinas universais. Sua função abrange a produção descontinuada de peças, preferencialmente a partir de fundidos macromoleculares, apesar de a moldagem ocorrer sob pressão (definição pela DIN 24450).

Definição

O preenchimento destas funções é executado pelos diferentes componentes de máquinas injetoras (Figura 12.3).

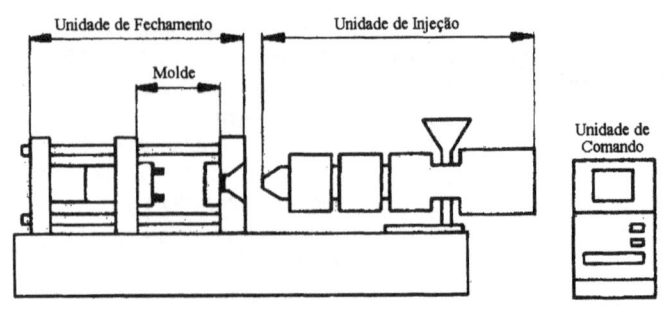

Fig. 12.3 - Estrutura de uma máquina injetora

Unidade de injeção

Funções

Neste componente o plástico é fundido, homogeneizado, transportado, dosado e injetado no molde. A unidade de injeção tem assim duas funções. Uma é a plastificação do plástico e outra é sua injeção no molde. Comum atualmente é o uso de máquinas de parafuso. Estas injetoras trabalham com um parafuso, que também serve de êmbolo de injeção (Figura 12.4). O parafuso gira em um cilindro aquecível, ao qual o material é alimentado por cima através de um funil.

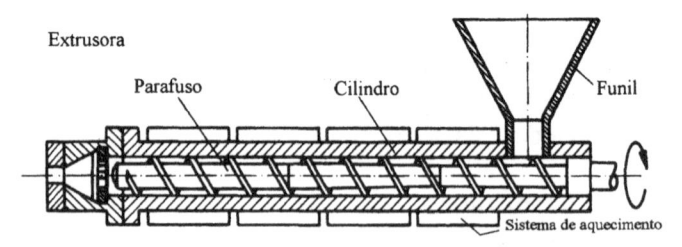

Fig. 12.4 - Unidade de injeção de uma injetora de parafuso

A unidade de injeção move-se, geralmente, sobre a mesa da máquina. Via de regra podem ser substituídos o cilindro, o parafuso e o bico de injeção, de formas que podem ser ajustados ao material a ser processado ou também ao volume de injeção.

Unidade de fechamento

A unidade de fechamento das injetoras assemelha-se a uma prensa horizontal. A placa de fixação no lado do bico de injeção é fixa e a placa de fixação no lado do fechamento é móvel, de maneira que ela desliza sobre quatro colunas. Sobre estas placas de fixação verticais são fixados os moldes de maneira que as peças prontas possam cair.

Os dois sistemas de acionamento da placa de fixação móvel são:
- O de alavancas articuladas acionadas hidraulicamente e;
- O puramento hidráulico.

Sistema de acionamento

Os sistemas de alavancas articuladas são utilizados em máquinas de pequeno e médio porte. A alavanca é acionada hidraulicamente (Figura 12.5).

Sistema de alavancas articuladas

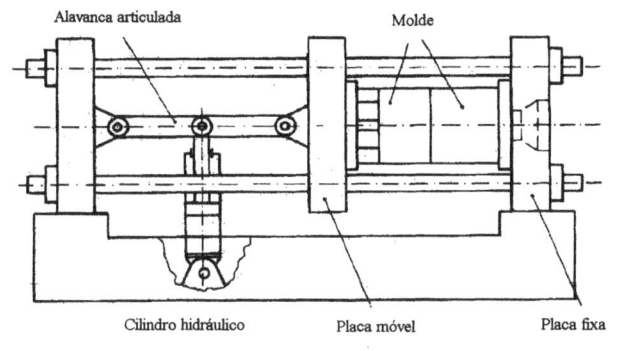

Fig. 12.5 - Unidade de fechamento por alavanca articulada

As vantagens destes sistemas são o ciclo de movimentação e velocidade rápidos, além da auto regulação. As desvantagens são a possibilidade de quebra das colunas ou a deformação permanente do molde por mau ajuste do sistema, ou o elevado trabalho de manutenção.

O perigo de quebra de colunas não aparece nos casos de sistemas puramente hidráulicos (Figura 12.6), uma vez que o fluido hidráulico é variável resistindo assim a grandes deformações.

Unidade de fechamento hidráulica

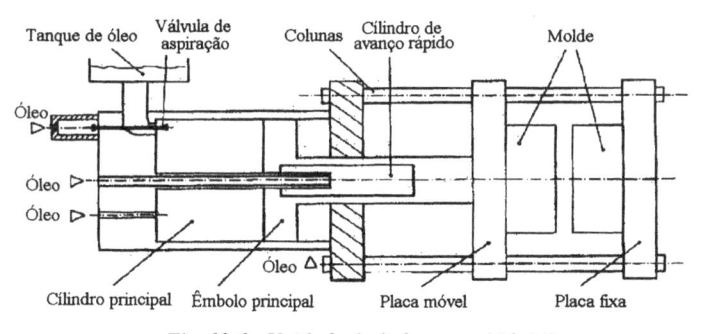

Fig. 12.6 - Unidade de fechamento hidráulica

As vantagens destes sistemas são sua alta precisão, posicionamento qualquer, sem perigo de deformações inadmissíveis do molde e quebra de colunas. Desvantagens são sua baixa velocidade de fechamento, a baixa rigidez da unidade de fechamento, principalmente devido a alta flexibilidade do óleo e elevado consumo de energia.

Mesa de máquina e gabinete de controle

Mesa da máquina

A mesa da máquina serve para abrigar as unidades de plastificação e de fechamento. Isto inclui o tanque para o óleo hidráulico e o mecanismo hidráulico. Muitas vezes também a instalação de comando e operação é colocada diretamente na mesa da máquina.

Gabinete de controle

O gabinete de controle incorpora os instrumentos, os componentes elétricos, os reguladores e o sistema de fornecimento de energia. Isto corresponde a unidade de comando e regulagem da máquina. Em máquinas modernas a introdução dos parâmetros é feita por teclado e telas de diálogos. O microprocessador instalado no gabinete controla o andamento do comando, supervisiona os dados de processo e produção, armazena dados e documenta o processo.

12.3 Molde

Molde de injeção

O molde não pertence diretamente a máquina injetora, uma vez que para cada peça ele deve ser construido individualmente. É composto no mínimo de duas partes principais, sendo cada uma fixa em uma placa de fixação da unidade de fechamento. O tamanho máximo do molde é definido pelo tamanho da placa de fixação e pela distância entre duas colunas vizinhas da máquina.

Elementos

O molde é composto essencialmente dos seguintes elementos:
- placa com as cavidades;
- sistema de alimentação;
- sistema de troca de calor;
- sistema de extração.

Funções

Estes elementos cumprem essencialmente as seguintes funções:
- receber e distribuir o fundido;
- modelar o fundido na forma de peça;

- resfriar o fundido (termoplástico) ou introduzir energia de
  ativação (elastômeros e durômeros);
- desmoldar.

Na Figura 12.7 está apresentado um exemplo de molde de
injeção.

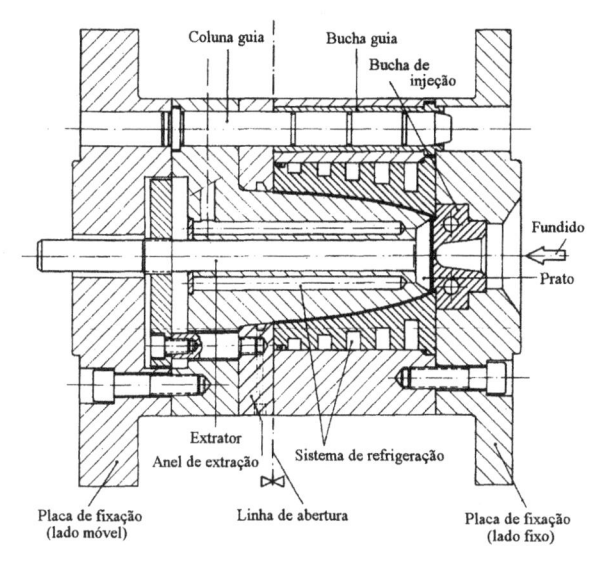

Fig. 12.7 - Molde de injeção

A classificação dos moldes ocorre com relação aos seguintes
critérios:
- construção básica;
- tipo de extração;
- tipo de alimentação;
- número de cavidades;
- número de linhas de junta;
- tamanho do molde.

Critérios de classificação

Os custos dos moldes são muito altos. Eles atingem, em geral,
de 10.000 até 100.000 DM, motivo pelo qual sua fabricação só
é justificada para produção de grandes quantidades de peças.

Custos do molde

Sistema de extração

Um elemento funcional móvel é a unidade de extração com as
placas de extração e os extratores. Ao final do resfriamento, o
molde é aberto pela unidade de fechamento.

Unidade de extração

Os pinos de extração são movimentados em direção a peça por um cilíndro hidráulico, sendo extraída da cavidade pelos extratores de maneira a cair fora do molde.

Sistema de alimentação

Funções

O fundido é pressionado pelo sistema de alimentação, durante a fase de injeção, e, através do ponto de injeção, introduzido na cavidade, que forma a peça. O sistema de alimentação pode possuir sistemas de câmara quente ou fria.

Moldes múltiplos

Uma maior rentabilidade pode ser atingida com a utilização de mais cavidades no molde. Aqui o canal que vem da unidade plastificação é ramificado em mais canais, que conduzem o fundido até as cavidades individuais. O sistema de alimentação deve ser formado de maneira que as cavidades sejam preenchidas ao mesmo tempo e que, ao penetrar na cavidade, o fundido tenha a mesma pressão e a mesma temperatura.

12.4 Ciclo de produção

Ciclo de injeção

O ciclo de produção, geralmente denominado de ciclo de injeção, pode ser visto na Figura 12.8.

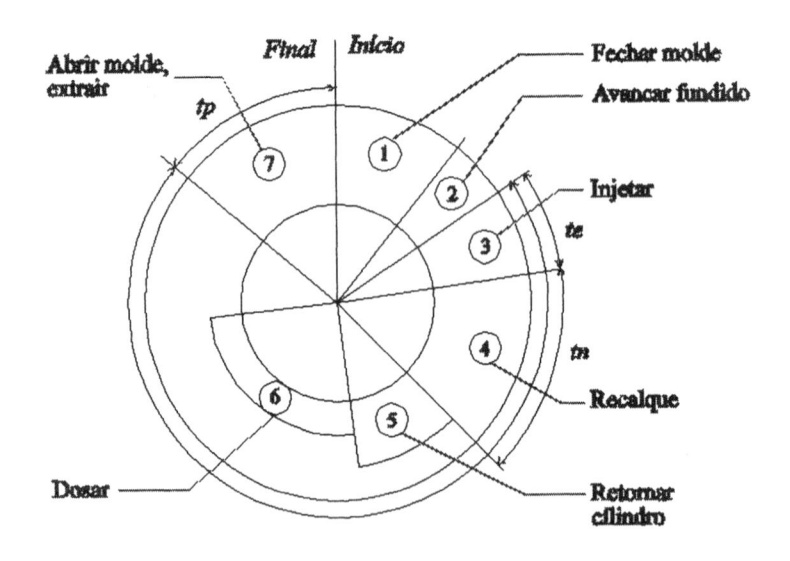

Fig. 12.8 - Ciclo de injeção

Para esclarecer a sequência temporal de cada etapa do processo, são apresentados esquematicamente na Figura 12.9 os passos em relação ao tempo.

Seqüência temporal

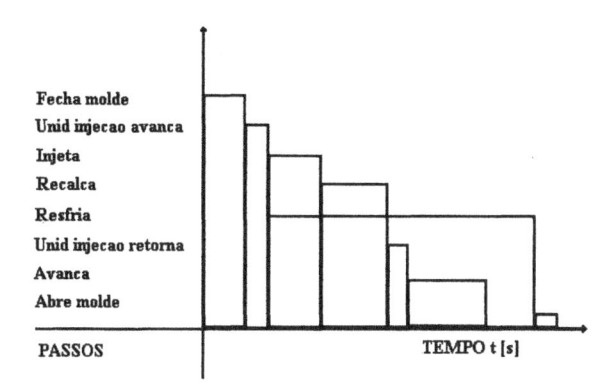

Fig. 12.9 - Passos do ciclo de injeção em relação ao tempo

Pode-se ver claramente, que os passos do processo ocorrem um após o outro até o processo de resfiamento, que se sobrepõem a outros processos.

Estes passos de processo são coordenados pela instalação do comando da máquina e se repetem em cada ciclo. O tempo do ciclo deveria ser o menor possível, para atingir uma alta produção e com isso uma boa rentabilidade do processo.

Rentabilidade

Dosagem

O material é transportado do funil em direção a ponta por um parafuso, que gira em um cilíndro. Aqui o material é compactado e fundido.

Ponta do parafuso

Enquanto o parafuso transporta o material, ele é ao mesmo tempo empurrado de volta pelo material que se acumula na ponta. O avanço do material cessa quando o parafuso atinge uma determinada posição (Figura 12.10).

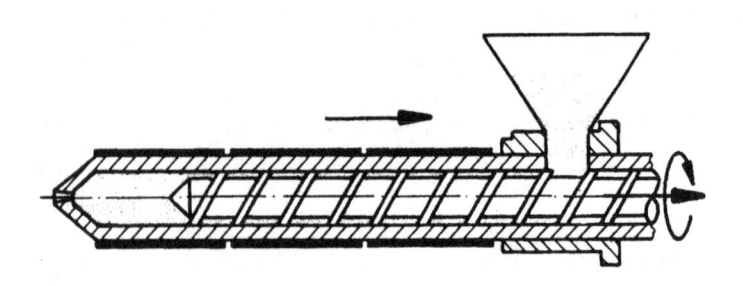

Fig. 12.10 - Posição do parafuso após dosagem

Caminho de dosagem

Volume de dosagem

Então a ponta do parafuso acumulou material suficiente para injetar a peça. O caminho do retorno do parafuso é denominado de caminho de dosagem e o volume de material em frente ao parafuso de volume de dosagem. Ambos os parâmeros devem ser novamente ajustados para cada molde.

Injeção

Barreira de retorno

Êmbolo

Na injeção o parafuso avança sem girar, acionado pelo cilindro de injeção hidráulico, empurrando o fundido dosado por um bico até o molde. Limitado pela barreira de retorno, o parafuso atua aqui como êmbolo.

Pressão de injeção
Velocidade de injeção

A pressão de injeção é dada como grandeza fixa na máquina e coloca um limite superior, que não pode ser ultrapassado. Uma outra grandeza que deve ser ajustada é a velocidade de injeção. Todavia ela pode ser variada durante a injeção.

Processo de escoamento no molde

Fases

Os processos de escoamento no molde podem ser divididos em 3 fases:
- Fase I   - Injeção
- Fase II - Compressão
- Fase III - Pressão de recalque

Fase de injeção

Fase de compressão

Na fase de injeção o molde é preenchido volumetricamente. Assim que isto é atingido, a velocidade do fundido reduz. Inicia a fase de compressão. Para compactação da peça é introduzido mais material no molde. Esta parcela corresponde a cerca de 7%. A pressão na cavidade sobe durante a fase de compressão. Ao atingir um nível de pressão pré-determinado no molde passa-se para a fase de recalque.

No resfriamento o material contrai na cavidade e, portanto deve ser introduzido mais material de maneira a manter o volume da peça constante. Para isto serve a fase de recalque. A pressão sobre a peça atinge, com o tempo, também um nível constante, uma vez que a peça solidifica cada vez mais.

Contração

Fase de recalque

Importante é o ponto de comutação para a pressão de recalque. Se for comutado muito cedo, o material não será suficientemente compactado e acontecem pontos de deformação, enquanto que se for comutado muito tarde, pode ocorrer uma sobre injeção e com isto gerar escamação na peça.

Ponto de comutação

Após o final da fase de recalque, a unidade de injeção inicia diretamente com nova dosagem.

Processo de resfriamento

O tempo de resfriamento inicia com o processo de enchimento e termina com a extração. O tempo é ajustado de maneira que a peça tenha apenas uma temperatura determinada e com isto seja geometricamente estável. Este processo é auxiliado pelos canais de resfriamento no molde, pelos quais escoa um fluido de refrigeração.

Tempo de resfriamento

Canais de resfriamento

12.5 Injeção de duroplásticos e elastômeros

Ao contrário dos termoplásticos, que solidificam-se através do resfriamento, os elastômeros e durômeros atingem sua estabilidade na fabricação através de uma reação química, na qual acontece um encadeamento da matéria-prima. Esta reação é iniciada através de calor no processamento em uma máquina injetora.

Reação de encadeamento

Estas particularidades devem ser adaptadas ao processo de injeção. Isto refere-se em primeira linha a temperatura. Na unidade de injeção as temperaturas devem ser mantidas mais baixas que os termoplásticos para que seja evitado um encadeamento precoce. Por isso situam-se entre 80°C e 100°C. Como uma parte do calor é gerada pelo atrito, as vezes o cílindro de plastificação tem de ser inclusive resfriado, para poder manter as temperaturas baixas.

Temperaturas

Início de encadeamento	Somente quando o material está no molde é introduzido calor, para executar rapidamente o encadeamento. Assim o molde não é resfriado, como para os termoplásticos, mas sim aquecido até temperaturas de 160°C a 200°C. Esta parte do ciclo leva o maior tempo. Ela demora tanto quanto a refrigeração nos termoplásticos e até mais, quanto maior forem as espessuras da parede da peça.
Superfície de abertura	Deve ser especialmente observado nos moldes que as superfícies de separação devem ser bem vedadas, como por exemplo a superfície de abertura. O motivo aqui é a baixa viscosidade do fundido, que pode facilmente formar rebarbas.

Exercícios de Controle da Lição 12

Nº Questão	Resposta
1 A injeção é um processo de _____.	transformação moldagem fabricação
2 A injeção serve para produção de _____ .	peças individuais produto em massa
3 O tempo de duração entre duas peças que saem prontas da máquina injetora, é denominado de _____.	tempo de resfriamento tempo de injeção tempo de ciclo
4 Pelo processo de injeção são produzidas, em primeira linha, _____ .	peças prontas semi-manufaturad.
5 _____ molda o fundido em peça pronta.	A unidade de fechamento O molde A unidade de plastificação
6 No resfriamento do molde a peça _____.	incha contrai
7 _____ consome o maior tempo do ciclo de injeção.	A injeção A dosagem O resfriamento
8 Na injeção _____ atua como um êmbolo.	a unidade de fechamento a alavanca articulada o parafuso

Plásticos Reforçados

Perguntas Dirigidas O que é um plástico reforçado com fibras?
De que componentes ele é formado?
Que processos de produção de plásticos reforçados existem?

Assunto Do Plástico ao Produto

Conteúdo 1 Material
2 Ciclo de produção
3 Processo de fabricação manual
4 Processo de fabricação com máquinas

Exercícios de Controle da Lição 13

Conhecimento prévio Divisão dos Plásticos (Lição 5)

13.1 Material

Fibras

Matriz

Nos plásticos reforçados são inseridas fibras nos termoplásticos ou durômeros. Ao plástico, que incorpora as fibras, denomina-se de matriz. Como fibras são usadas por exemplo, fibra de vidro ou de carbono, sendo que todas as fibras possuem um módulo de elasticidade maior que o plástico ao qual são incorporadas. Como aqui é elevada a rigidez do material, classifica-se este grupo de plásticos como "reforçados".

Através da união de plástico com fibras, são combinadas entre si as propriedades de ambos os materiais. É elevada principalmente a rigidez do plástico. Esta combinação de propriedades faz com que seja interessante a substituição de metais por plásticos reforçados.

Comparativo

Para se ter uma idéia da rigidez dos plásticos reforçados, apresentamos o módulo de elasticidade de diferentes materiais na Figura 13.1.

Grupo de material	Material	E (N/mm^2)
Metal	Aço	210.000
	Alumínio	50.000
Fibra	Fibra de vidro	71.000 - 87.000
	Fibra de carbono	228.000 - 490.000
Plástico	Resina de poliéster insaturada (UP) sem reforço	3.500
	Resina de poliéster insaturada com 65% de fibra de vidro	19.000 - 28.000

Fig. 13.1 - Módulo de elasticidade de diferentes materiais

Uma característica especial dos plásticos reforçados em relação aos não reforçados é que o acréscimo de resistência mecânica dá-se apenas na direção das fibras. Portanto, no projeto e no processamento deve ser observado também que as fibras sejam orientadas no sentido do carregamento ao qual a peça será submetida.

Para que possam ser obtidas as exigências individuais de posição e efeito nos componentes, as fibras são processadas em formas variadas, como por exemplo, em fibras contínuas ou em mantas. As diversas formas são mostradas na Figura 13.2.

Materiais de reforço

MATERIAIS DE REFORÇO	DIREÇÃO PREFERENCIAL
Vidro têxtil desfiado	|
Vidro têxtil cortado	✳
Manta de vidro têxtil	✳
Tecido de vidro têxtil desfiado	┼
Tecido de vidro têxtil filamentado	┼
Tecido unidirecional de filamentos de vidro ou fibras de vidro empilhadas	⟶
Cama superficial de filamentos de vidro, fibras de vidro empilhadas ou fibra química	sem efeito

Fig. 13.2 - Formas de fibras

A fibra deve ser selecionada dependendo de como cada componente será solicitado. Por exemplo, o vidro têxtil desfiado só pode ser altamente solicitado em uma direção, enquanto que o tecido de vidro têxtil desfiado permite alta solicitação em duas direções.

Direção de solicitação

13.2 Ciclo de produção

A fabricação de componentes de plástico reforçado ocorre, geralmente, em 4 etapas:
- Etapa I - Colocação e orientação das fibras;
- Etapa II - Umedecimento das fibras;
- Etapa III - Moldagem da peça;
- Etapa IV - Endurecimento do plástico.

Passos de processamento

As etapas de colocação/orientação e umedecimento podem ser trocadas. A sequência das etapas é variada para processos de fabricação diferentes.

Matriz de durômeros	A maioria dos plásticos reforçados possuem como matriz um durômero. Este durômero surge pelo endurecimento do componente através de uma reação química, pela qual a resina, com a qual a fibra foi anteriormente umedecida, é encadeada.
Endurecedores *Aceleradores*	Para iniciar esta reação química à temperatura ambiente são misturados na resina, dependendo do seu tipo, endurecedores e/ou aceleradores. Após o término do endurecimento não se pode mais alterar a estrutura do plástico, nem por meio de aquecimento.
Bolhas de ar	Em seu uso prático, a peça pronta será carregada com forças que não poderão danificá-la. Isto só é garantido se as fibras estiverem muito bem presas ao plástico. Esta responsabilidade pode ser prejudicada por bolhas de ar. Por este motivo não podem haver bolhas de ar no endurecimento do plástico. Se isto acontecer, o plástico poderá se soltar das fibras sob altos carregamentos, e o componente seria degradado. Portanto, deve ser bem observado durante o umedecimento das fibras que não exista, de preferência, nenhuma bolha de ar na resina. Caso contrário, deverá ser compactado e retirado o ar antes ou durante o endurecimento da peça.

13.3 Processo de fabricação manual

Laminação Manual

A maneira mais fácil de produzir componentes de plástico reforçado é a laminação manual. Aqui são depositadas, sobre uma forma positiva (ferramenta), camadas de resina e mantas de fibra, sempre intercaladas. A manta de fibra é pressionada com um rolo de laminação e com isso, bem umedecida com resina, como representado na Figura 13.3.

Superfície	Antes da laminação propriamente dita são colocadas sobre a ferramenta um desmoldante e uma camada de gelatina. O desmoldante serve para poder extrair mais facilmente o componente acabado. A camada gelatinosa (resina de superfície e pigmento) proporciona um melhor acabamento superficial da peça, uma vez que as fibras não atravessam esta camada.
Aplicação	Uma área de aplicação deste processo é, por exemplo, a constução naval.

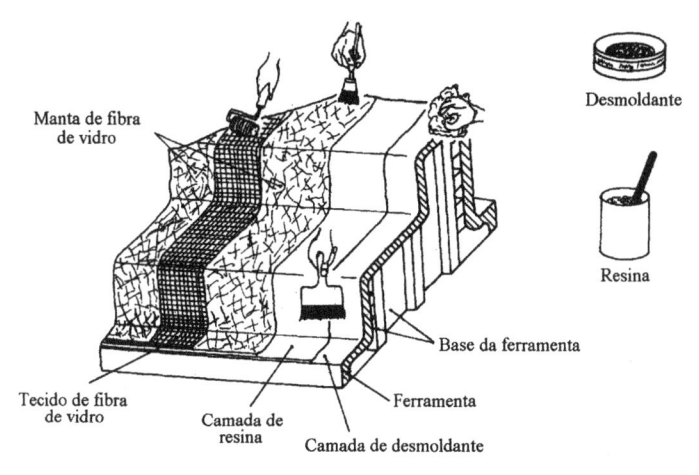

Manta de fibra de vidro

Desmoldante

Resina

Base da ferramenta

Tecido de fibra de vidro

Camada de resina

Ferramenta

Camada de desmoldante

Fig. 13.3 - Laminação manual

13.4 Processo de fabricação com máquinas

Moldagem por pistola

Na moldagem por pistola as fibras cortadas são sopradas sobre um molde. Ao mesmo tempo a resina é soprada sobre o molde por outro bico. A camada depositada é compactada e, ao mesmo tempo, ventilada, antes que a peça endureça. Na Figura 13.4 é apresentado o processo de moldagem por pistola.

Processo

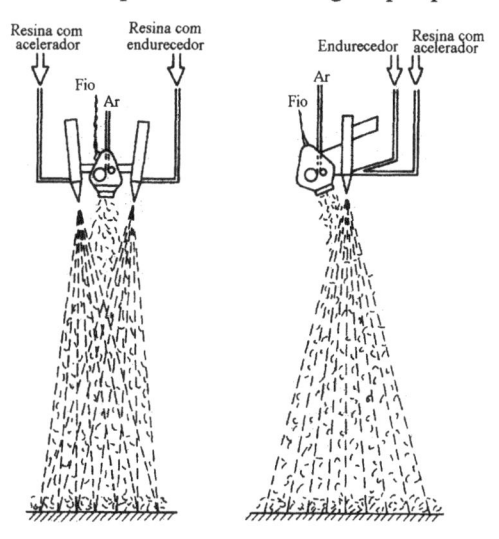

Fig. 13.4 - Moldagem por pistola

Como no esguichamento surgem vapores prejudiciais ao meio ambiente, como por exemplo, gás de estirol, é aconselhável a utilização de robos, que operam em cabines lacradas. Todavia, o processo ainda é muito utilizado manualmente. Com o processo de moldagem por pistola são produzidas, por exemplo, banheiras.

Enrolamento

Processo

No processo de enrolamento os fios de fibra, previamente umedecidos com resina são enrolados sobre um mandril rotativo. O equipamento para direcionar a fibra, chamado de guia de fio , desloca-se horizontalmente. Assim o mandril é coberto com fibra na forma desejada. Na Figura 13.5 é apresentado o processo.

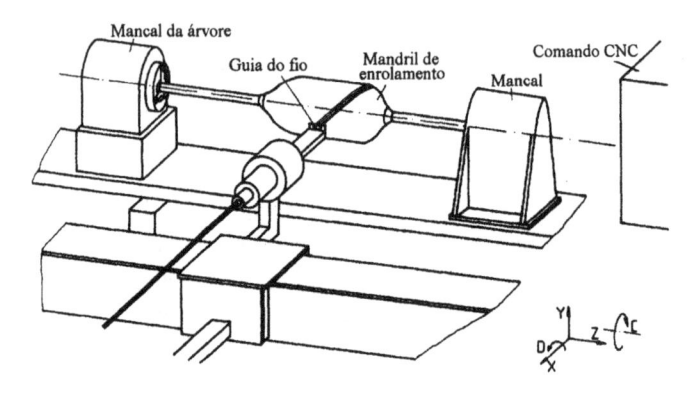

Fig. 13.5 - Equipamento de enrolamento

Orientação das fibras

O direcionamento dos fios e a rotação do material devem ser controlados exatamente, pois de um lado as fibras escorregam se forem colocadas erroneamente sobre o mandril e de outro, elas devem possuir exatamente a orientação prevista de maneira a suportarem mais tarde as forças de carregamento.

Robos

Para componentes complicados pode-se obter, manualmente, o posicionamento do fio ponto a ponto e armazená-los em um computador. Ele comandará, na fabricação automatizada, um robo que repetirá a sequência dos pontos.

Aplicação

Este processo apresenta como vantagens fácil automatização e boa reprodutibili-dade. Exemplos de componentes fabricados com este método são tubos e vazos de pressão.

Prensagem

Com o processo de prensagem podem ser fabricados grandes componentes planos com boas propriedades mecânicas.

Processo

Na prensagem são processados materiais denominados SMC e GMT. O SMC (Sheet-moulding-compound = composto para moldagem de chapas) é composto de uma resina com fibras cortadas e/ou contínuas, que endurece posteriormente para uma matriz duromérica. No GMT (Termoplástico reforçado com manta de vidro) a matriz é composta de um termoplástico.

Materiais

Os semi-manufaturados SMC e GMT (tiras) são separados em cortes e empilhados em pacotes. O pacote é colocado na ferramenta da prensa, que então fecha e é submetida a pressão. O material escoa então para todos os cantos da cavidade, preenchendo-a. Na Figura 13.6 está apresentando o processo de prensagem para o SMC.

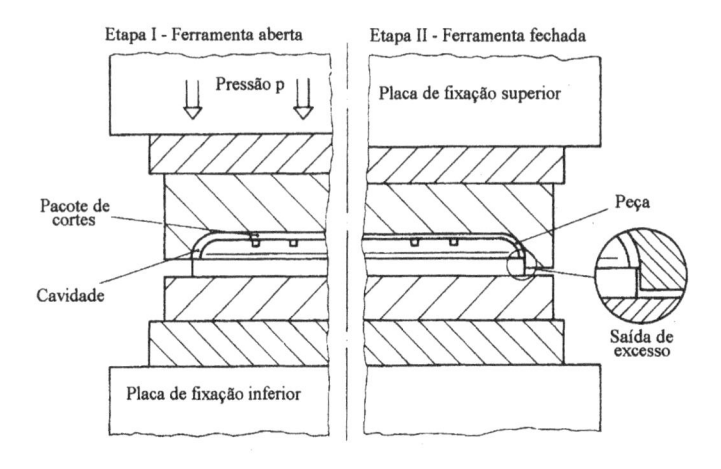

Fig. 13.6 - Prensagem de SMC

No processo com SMC a ferramenta é aquecida, iniciando assim no material a reação química, que endurecerá a peça. O GMT é depositado na ferramenta a uma certa temperatura na qual o plástico ainda encontra-se em estado fundido. O plástico torna-se novamente rígido na ferramenta fria.

Ferramenta

Propriedades da peça	É muito importante, para o comportamento posterior do componente, a forma e posição como é colocado o pacote de cortes na ferramenta. Estes dois parâmetros influenciarão o comportamento de escoamento do plástico na ferramenta e, com isto, a orientação das fibras, que refletem diretamente nas propriedades da peça final.
Aplicação	Este processo é utilizado para a produção de, por exemplo, tampões de armários de comandos ou capôs de motores de automóveis.

Exercícios de Controle da Lição 13

<u>N°</u> <u>Questão</u>   <u>Resposta</u>

1 Nos plásticos reforçados definimos o plástico, que comporta   matriz
as fibras, como _____ .   tecido
                                                                 manta

2 O módulo de elasticidade do aço alcança 210.000 N/mm^2 e   5.000
o módulo de elasticidade da fibra de carbono pode atingir   87.000
até _____ N/mm^2.   490.000

3 Uma manta de vidro têxtil tem a seguinte direção $\leftrightarrow$
preferencial de solicitação: _____

                                                                 $\setminus\uparrow/$

                                                                 $\leftarrow\rightarrow$
                                                                 $/\downarrow\setminus$

                                                                 sem efeito

4 As etapas básicas do processamento de plásticos reforçados   cortar
são: moldar
a) Colocar e orientar as fibras;   endurecer
b) _____ as fibras;   umedecer
c) _____ a peça e;
d) _____ o plástico.

5 Barcos de plástico reforçado são, geralmente,   enrolamento
produzidos pelo processo de _____ .   laminação manual
                                                                 prensagem

6 Os processos SMC e GMT são, ambos, processos de
prensagem.   termoplástica
a) No processo SMC é utilizada uma matriz _____ ;   duromérica

                                                                 termoplástica
b) No processo GMT é utilizada uma matriz _____ .   duromérica

Espumas de Plástico

Perguntas Dirigidas Que propriedades possuem as espumas?
Como elas são produzidas?

Assunto Do Plástico ao Produto

Conteúdo 1 Natureza das espumas
2 Fabricação de espumas

Exercícios de Controle da Lição 14

Conhecimento Divisão dos Plásticos (Lição 5)
prévio

14.1 Natureza das espumas

Fundamentos

Bolhas de gás

Sob espumas de plástico entende-se plásticos nos quais estão inseridas bolhas de gás. O espaço ocupado pelo gás em uma espuma chega a 95%, enquanto o plástico propriamente dito ocupa apenas cerca de 5%. Como exemplo serve um dado com um volume de 1 dm³. Este cubo de polistirol compacto pesa cerca de 1 kg. O mesmo dado de espuma de polistirol pesa somente 20 gramas.

Parcela em volume

Células abertas

Se as bolhas de gás forem interligadas entre si, fala-se de espumas de células abertas (Figura 14.1).

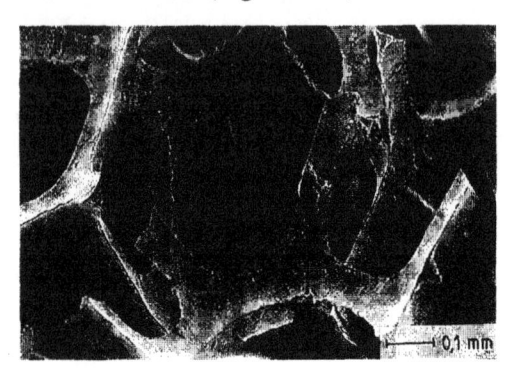

Fig. 14.1 - Espuma de célula aberta

Células fechadas

Nas espumas de células fechadas, cada bolha de gás tem sua própria "pele" (Figura 14.2).

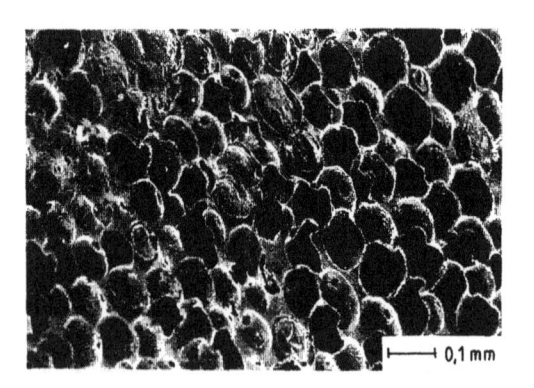

Fig. 14.2 - Espuma de célula fechada

Entre estes dois extremos existem as passagens livres, fazendo com que hajam tanto células abertas como fechadas na espuma.

A distribuição de células pode ser diferente para cada tipo de espuma. Este fato é esclarecido na Figura 14.3 por um comparativo entre uma espuma de poliuretano e uma espuma integral.

*Distribuição
das células*

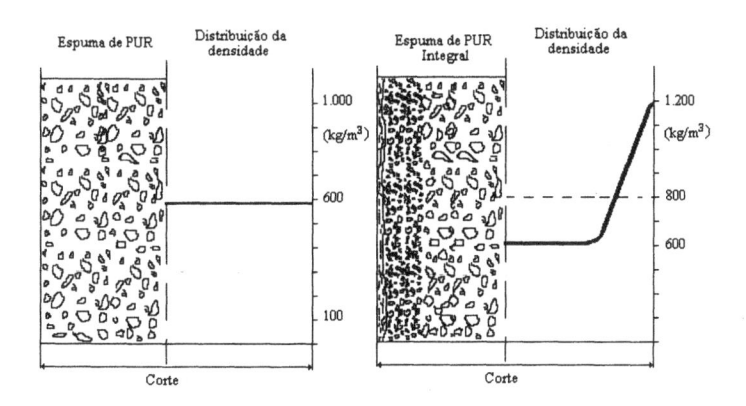

Fig. 14.3 - Distribuição das células em espumas de PUR e integral

Na espuma de PUR as células são distribuidas igualmente na seção transversal, tendo assim uma distribuição homogênea da densidade. A espuma integral, ao contrário, possui uma distribuição desigual das células. Enquanto existem muitas células no centro da seção transversal, este número vai reduzindo até a borda. A camada externa é composta praticamente de plástico compacto. Esta distribuição das células é conseguida através de uma técnica especial de produção de espuma. As peças produzidas assim possuem uma alta rigidez e são ainda muito leves.

*Espuma
de PUR*

*Espuma
integral*

Uma idéia geral sobre a densidade de diferentes espumas é dada pela Figura 14.4.

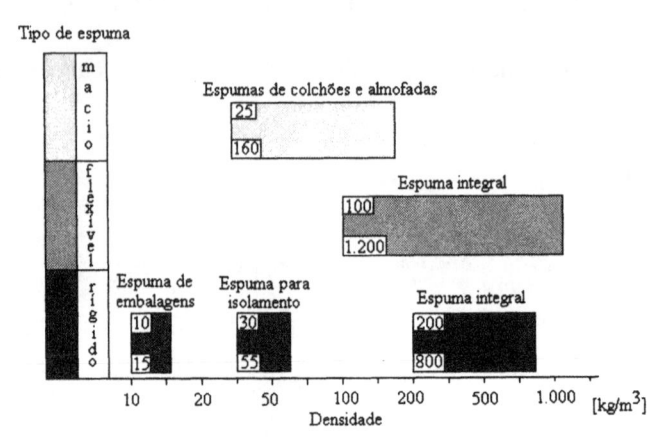

Fig. 14.4 - Densidade de espumas

Plásticos para espumas

Teoricamente, quase todos os plásticos podem ser transformados em espumas, mas tecnicamente só alguns são utilizados. A Figura 14.5 apresenta uma noção dos plásticos e processos.

Processo	Ativação	Tipo de reação	Tipo de condução	Estrutura celular	Exemplo
Injeção	térmica	amolecer/ resfriar	química	fechada	PVC, PE
Extrusão	térmica	amolecer/ resfriar	química	aberta	PVC, PE
Sistema de vários componentes	mistura	poliadição	químico/ físico/ mecânico	aberta/ fechada	PUR
Sistema de vários componentes	térmica	poliadição	químico	fechada	PA,EP
Sinterização em 2 etapas	térmica	-	físico	fechada	PS-E

Fig. 14.5 - Espumas de plástico

Propriedades

Independente do plástico ou processo utilizado, as espumas tem as seguintes propriedades:

- baixa densidade;
- baixa condutibilidade térmica;
- propriedades mecânicas favoráveis em relação ao peso específico;
- fáceis e variadas possibilidades de moldagem;
- boa trabalhabilidade e;
- economia de material.

Dureza das espumas

Uma característica das espumas é sua dureza. A Figura 14.6 apresenta uma noção sobre os diferentes plásticos e suas durezas após a transformação em espuma. As chamadas espumas macias deixam-se moldar facilmente e retornam a sua forma original após retirada a carga. As espumas duras dividem-se em rígidas e frágeis. As espumas rígidas deformam-se sob carga antes de quebrarem.

Dureza

Espumas macias

Se for retirada a carga antes da quebra, elas recuperam parte da deformação. As espumas frágeis, ao contrário, não permitem nehuma deformação antes da quebra.

Espumas duras

Plásticos transformáveis em espuma	Faixa de dureza
Durômeros	
Poliuretano (PUR)	rígido até tenaz-elástico
Resina fenol-formaldeído (PF)	frágil-duro
Termoplásticos	
Polietileno (PE)	rígido até tenaz-elástico
Polipropileno (PP)	rígido
Polistirol (PS)	rígido

Fig. 14.6 - Dureza das espumas

14.2 Fabricação de espuma

Fundamentos

Para a fabricação de espumas são acrescidos ao plástico aditivos e, geralmente, agregados. Estes componentes devem ser muito bem misturados, senão podem surgir pontos de falha ou irregularidades na espuma. Para iniciar o processo a mistura deve estar fluída. Quando as bolhas formadas pelo aditivo alcançarem o tamanho desejado, elas devem ser fixadas, o que ocorre pela solidificação do plástico.

Aditivos

Agregados

Durômeros	Para a transformação de durômeros em espumas, o plástico encontra-se no início do processo ainda como resina completa ou parcialmente não encadeada, com uma viscosidade bastante baixa. A fixação das bolhas acontece com a reação e consequente encadeamento do plástico, elevando assim
Termoplásticos	rapidamente a viscosidade. Termoplásticos, ao contrário, devem ser fundidos e fixam as bolhas pela solidi-ficação do plástico através de seu resfriamento.
Mecanismos de condução	Os mecanismos de condução, pelos quais as bolhas são formadas, podem ser divididos, com base em seus fundamentos, em processos mecânicos, físicos e químicos.
Mecânico	Nos processos mecânicos as bolhas são formadas ou através de agitação de um gás por meio de um agitador ou através do pressionamento do gás no plástico fundido sob alta pressão.
Físico	Nos processos físicos um líquido com baixo ponto de ebulição é vaporizado e forma as bolhas.
Químico	Nos processos químicos o aditivo reage sob ação de calor, liberando gases e formando bolhas.

Realização técnica

Misturar	Para misturar os componentes para obtenção da espuma são utilizados dois processos distintos.

Processo a baixa pressão

Processo a baixa pressão	Uma possibilidade é o misturador de baixa pressão, no qual a mistura ocorre por agitação mecânica. A vantagem é que só é necessária pressão para empurrar os componentes através das canalizações. Uma desvantagem do processo é que só pode ser misturado e empurrado uma quantidade relativamente pequena de material por unidade de tempo. Portanto, o processo não serve para plásticos que reagem rapida-mente. Outra desvantagem é que a mistura escoa da câmara de mistura apenas pelo seu próprio peso. Assim, só podem ser utilizadas ferramentas nas quais o material possa ser moldado sem necessidade de pressão adicional.

Processo a alta pressão

A outra possibilidade de mistura é o misturador de alta pressão. Nele os componentes chocam-se entre si na câmara de mistura a alta pressão e são assim remoídos. A vantagem deste processo é que também plásticos que reagem rapida-mente podem ser misturados, uma vez que a passagem por unidade de tempo é bastante alta. A mistura chega rapidamente na ferramenta e só nela inicia a reação. Pela pressão, podem também ser utilizadas ferramentas fechadas, nas quais a mistura deve ser injetada. Desvantagem é a elevada exigência técnica para alcançar a alta pressão necessária. A Figura 14.7 compara os dois mistura-dores.

Processo a alta pressão

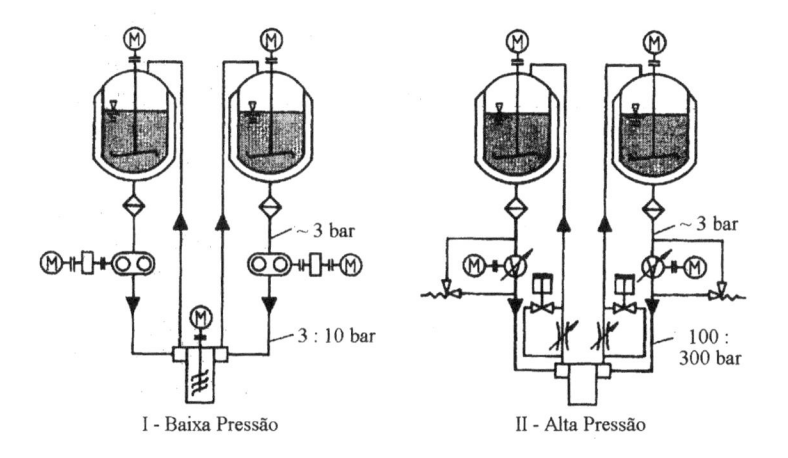

I - Baixa Pressão   II - Alta Pressão

Fig. 14.7 - Instalações de mistura a baixa e alta pressão

As ferramentas para as peças de espumas são de diversos tipos. Para semi-manufaturados, dos quais são produzidos colchões e isolantes, é utilizada uma banheira de papel com movimento contínuo, que é aberta em cima. Ela pode ser vista na Figura 14.8.

Ferramenta

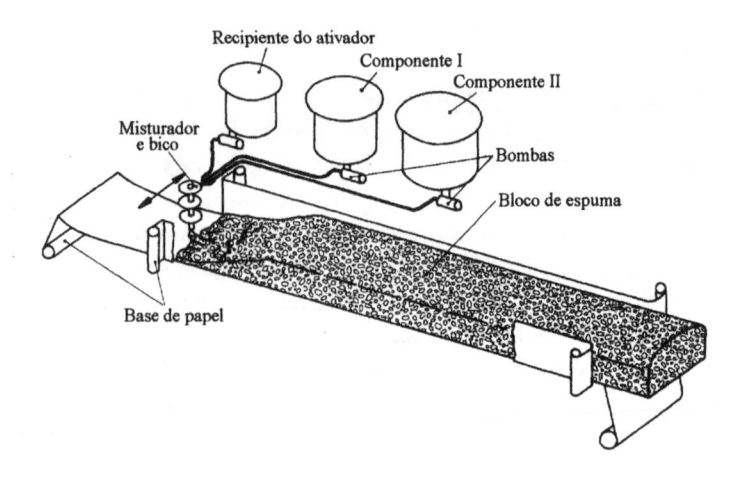

Fig. 14.8 - Equipamento para bloco de espuma

RIM

Outra forma é uma ferramenta similar a um molde de injeção. Nesta ferramenta é injetada a mistura sob alta pressão, até que a ferramenta seja preenchida de 1/3. Então a mistura inicia a espumação e preenche completamente o molde. Este processo é conhecido pelo nome de RIM. RIM é a abreviação do termo inglês "Reaction Injection Moulding" (Moldagem por Injeção Reativa) e significa que a moldagem da peça se dá por uma combinação de injeção e reação. Com este processo são produzidos, por exemplo, painéis de instrumentos de automóveis.

Aplicação

Exercícios de Controle da Lição 14

N° Questão	Resposta
1 Em espumas são inseridas _____ no plástico.	cargas bolhas de ar
2 Espumas são _____ plásticos compactos.	mais leves que mais pesadas que tão pesadas quanto
3 As bolhas de gás são _____ distribuidas em espumas de PUR.	igualmente desigualmente
4 Nas espumas integrais existem consideravelmente _____ células no centro do que na borda da espuma.	menos mais
5 A dureza _____ para todas as espumas.	é igual não é igual
6 Na produção de espumas diferenciam-se _____ em processos mecânicos, físicos e químicos.	as misturas os mecanismos de condução
7 Com o processo _____ podem ser processados também plásticos de reação rápida.	à baixa pressão à alta pressão
8 O processo RIM assemelha-se ao de _____.	extrusão injeção

Perguntas Dirigidas   Que etapas de processo pertencem a termoformagem?
Que plásticos podem ser termoformados?
Quais os diferentes processos existentes?

Assunto   Do Plástico ao Produto

Conteúdo   1 Fundamentos
2 Etapas do processo
3 Instalações para termoformagem

Exercícios de Controle da Lição 15

Conhecimento   Divisão dos Plásticos (Lição 5)
prévio   Comportamento de Plásticos em Relação
à Variação de Forma (Lição 6)

15.1 Fundamentos

Termoformagem Entende-se por termoformagem a transformação do plástico sob ação de calor e força. Para este fim existe um grande número de técnicas de processamento. Para a termoformagem de termoplásticos tem sido disseminado o uso de ar e/ou vácuo para a produção da força necessária à formação.

A seqüência normal do processo é: o plástico é aquecido a uma temperatura na qual ele atinge a elasticidade (Figura 15.1), moldado e novamente resfriado.

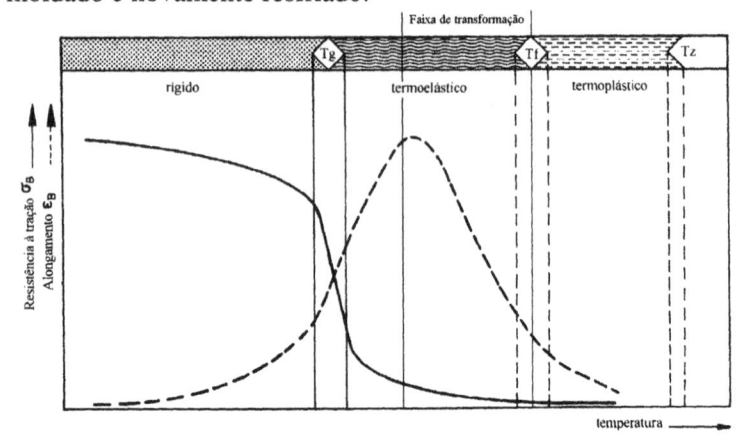

Fig. 15.1 - Diagrama de estado de termoplásticos amorfos

Como os termoplásticos podem ser levados, por aquecimento, do estado fixo até o elástico, somente eles podem ser termoformados, enquanto que, por exemplo, os durômeros, que não se tornam elásticos com o aquecimento, não podem ser moldados por este processo.

Semi-manufaturados O processamento é feito principalmente com filmes e placas, com espessura entre 0,1 e 12 mm. O material, também chamado de semi-manufaturado, pode ser encontrado ou em placas individuais ou em rolos.

15.2 Etapas do processo

O processo ocorre em três passos: o aquecimento, a moldagem e o resfriamento.

Na primeira etapa o semi-manufaturado é aquecido. Para isto existem três possibilidades de processos: o aquecimento por convecção, por contato ou por radiação infra-vermelha.

Tipos de aquecimento

O método mais empregado é o por radiação infra-vermelha, já que sua energia avança diretamente ao interior do plástico. Assim ele é aquecido muito rapidamente e de forma homogênea, sem que a superfície fique danificada por sobre-aquecimento.

Radiação infra-vermelha

A segunda etapa é a moldagem da peça, onde o plástico é estirado. O semi-manufaturado aquecido é preso em um suporte e pressionado, por ar ou vácuo, para o interior do molde ou puxado sobre o mesmo. Uma desvantagem do processo é que somente o lado da peça que entra em contato com o molde é formado perfeitamente.

Moldagem

Dependendo se é o lado interno ou externo da peça que será moldado, distingue-se entre processo positivo e negativo. O processo negativo é apresentado na Figura 15.2.

Tipos de processo

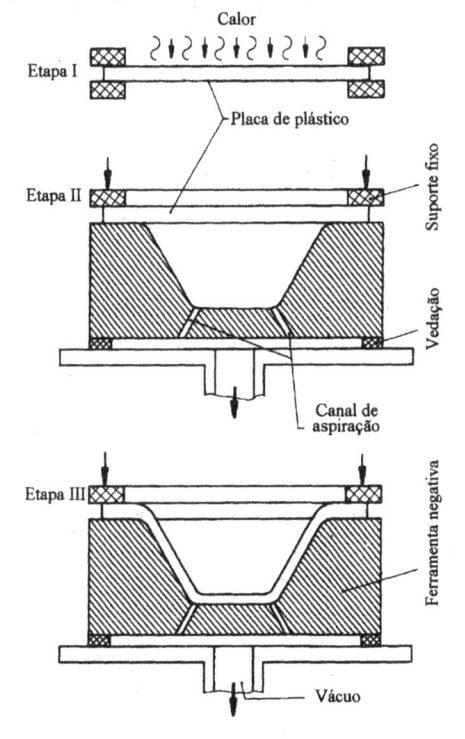

Fig. 15.2 - Processo negativo

No processo negativo o semi-manufaturado é puxado para o interior da ferramenta, enquanto que no processo positivo ele é aspirado sobre a ferramenta. Neste processo o semi-manufaturado é preso e esticado. Desta forma ocorrem variações nas espessuras de parede das peças, principalmente os cantos tornam-se finos.

Estiramento prévio

Para reduzir este efeito, muitas vezes o semi-manufaturado é pré-estirado antes da moldagem propriamente dita. No processo negativo isto é executado por um estampo e no processo positivo por sopro. Como exemplo é apresentado na Figura 15.3 o processo positivo com estiramento prévio.

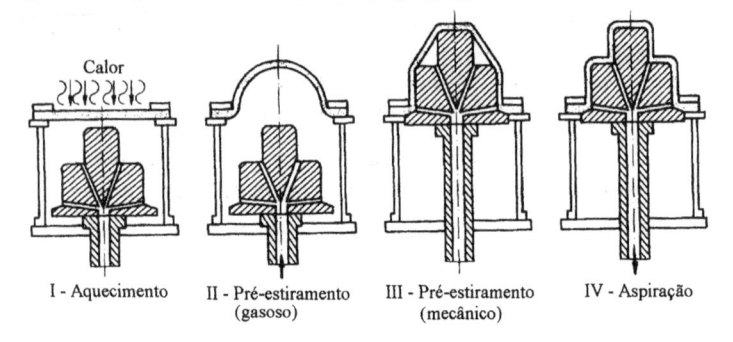

I - Aquecimento II - Pré-estiramento (gasoso) III - Pré-estiramento (mecânico) IV - Aspiração

Fig. 15.3 - Processo positivo com pré-estiramento

Resfriamento

A terceira etapa, o resfriamento, inicia assim que o semi-manufaturado encosta na ferramenta fria. Para reduzir o tempo de resfriamento, por exemplo na produção em série, a ferramenta pode ser refrigerada. Pode-se elevar ainda mais a velocidade através do resfriamento do lado da peça que não está em contato com a ferramenta. Para isto é utilizado o resfriamento por jato de ar.

15.3 Instalações para termoformagem

Máquina de uma estação

A realização prática das etapas de processamento ocorre em máquinas de uma ou múltiplas estações. Na máquina de uma estação os equipamentos se deslocam enquanto o semi-manufaturado mantém sua posição desde o aquecimento até a extração (Figura 15.4).

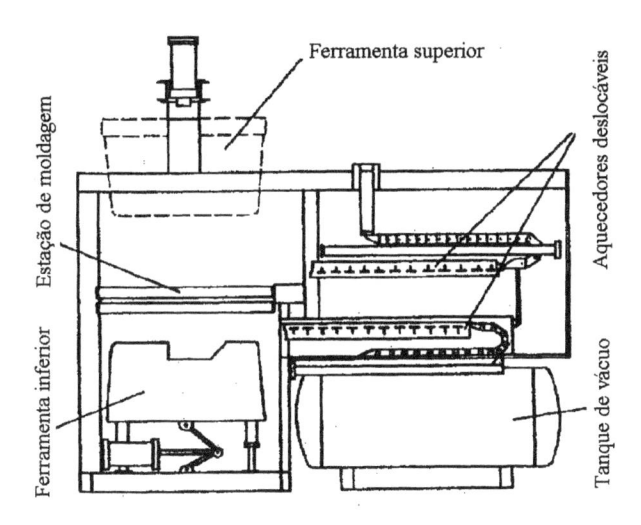

Fig. 15.4 - Máquina de uma estação

Na máquina de múltiplas estações o semi-manufaturado movimenta-se de uma estação para outra (Figura 15.5).

Máquina de múltiplas estações

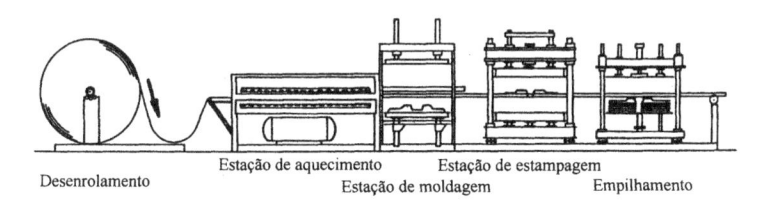

Fig. 15.5 - Máquina de múltiplas estações

A desvantagem da máquina de uma estação é o seu longo ciclo, que é a soma dos tempos individuais de cada etapa, enquanto que nas máquinas de múltiplas estações o ciclo é igual ao tempo para a etapa mais longa.

O processo de termoformagem é aplicado para a produção em larga escala de embalagens, como por exemplo, copos de iogurte, mas também para grandes peças como piscinas ou peças de automóveis.

Aplicações

Exercícios de Controle da Lição 15

N.º Questão	Resposta
1 Na termoformagem o plástico é inicialmente _____, antes de poder ser moldado.	resfriado aquecido fundido
2 Somente os _____ podem ser termoformados, pois apenas eles tornam-se elásticos quando aquecidos.	termoplásticos elastômeros durômeros
3 O método de aquecimento mais utilizado na termoformagem é _____ .	a convecção o contato a radiação infra-vermelha
4 Na termoformagem _____ da peça é (são) moldado(s) perfeitamente.	apenas um lado ambos os lados
5 Para evitar as variações na espessura de parede, o semi-manufaturado é _____ para então ser moldado.	previamente preso pré-estirado preso
6 O tempo de ciclo das máquinas de múltiplas estações _____ das máquinas de uma estação.	é menor que o é maior que o é igual ao

Lição 16 —————————————————————————————

Soldagem de Plásticos

Perguntas Dirigidas   Como funciona basicamente a soldagem de plásticos?
Quais os plásticos que podem ser soldados?
Que técnicas de soldagem de plásticos existem?

Assunto   Do Plástico ao Produto

Conteúdo
1 Fundamentos
2 Etapas do processo
3 Processos de soldagem

Exercícios de Controle da Lição 16

Conhecimento prévio   Divisão dos Plásticos (Lição 5)
Comportamento de Plásticos em Relação
à Variação de Forma (Lição 6)

16.1 Fundamentos

Definição

Sob soldagem de plásticos entende-se a união de duas peças, de materiais iguais ou muito parecidos, sob calor e pressão. As superfícies de união, também chamadas de superfícies de junta, devem ser levadas a um estado termoplástico para que possam ser soldadas. Então as superfícies são unidas uma à outra sob pressão e a junta é resfriada, até que atinja novamente a estabilidade de forma.

A partir do fato de que as superfícies de união devem estar em estado fundido, pode-se deduzir que nem os elastômeros nem os durômeros podem ser soldados, mas apenas os termoplásticos.

16.2 Etapas do processo

Introdução de energia
Processo de soldagem

Para fundir o termoplástico deve ser introduzida energia nele. Para isto existem 5 métodos, que se baseiam em diferentes processos físicos e nos quais são divididos os processos de soldagem (Figura 16.1).

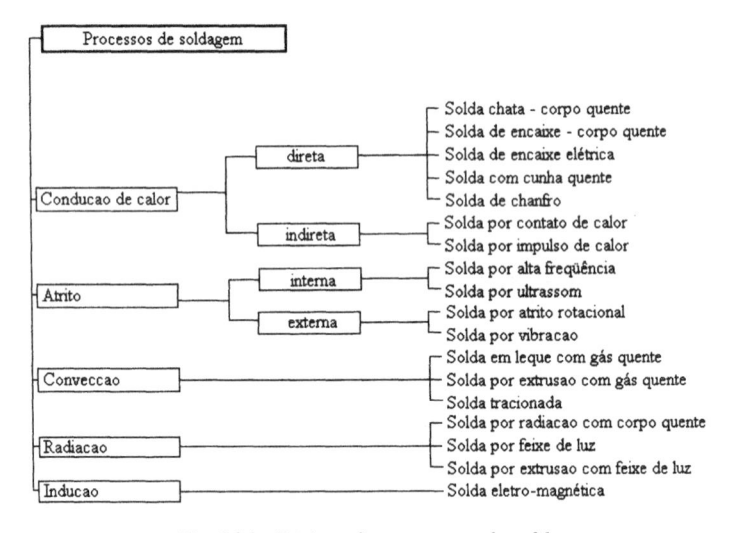

Fig. 16.1 - Divisão dos processos de soldagem

Juntamente com a introdução de energia na zona de contato, a pressão aplicada também é muito importante. Ela atua de maneira que o fundido flua e que as duas superfícies fiquem intimamente ligadas entre si. Para que o material possa misturar-se bem entre si, é necessário que seja fundido plástico suficiente. Por isso o tempo de aquecimento é muito importante.

Pressão

Tempo de aquecimento

A soldagem constitue-se, geralmente, de cinco etapas:
Passo I   - Limpeza das superfícies;
Passo II   - Aquecimento das superfícies;
Passo III - Aplicação da pressão;
Passo IV - Resfriamento sob pressão e;
Passo V   - Retrabalho da costura.

A soldabilidade entre dois termoplásticos depende se eles possuem faixas de temperaturas de fusão similares e se eles possuem, em estado fundido, viscosidades semelhantes. Estas duas condições são importantes para que os plásticos, de um lado atinjam a fluidez ao mesmo tempo, e de outro possam penetrar bem um no outro, formando assim uma união forte.

Faixa de temperatura

Viscosidade

16.3 Processos de soldagem

Soldagem com corpo quente

Todos os processos de soldagem com corpo quente possuem como característica comum o fato de que o calor é introduzido nas superfícies de união por meio de um corpo. Este corpo metálico, normalmente aquecido eletricamente, passa o calor ao plástico por condução. Os processos são divididos basicamente em soldagem direta com corpo quente e soldagem indireta com corpo quente.

Processo

No processo direto o calor flui para a superfície da união diretamente do corpo. No processo indireto ocorre o transporte do calor externo através da peça a ser soldada até a superfície da união. Com base na péssima condutibilidade térmica do plástico o processo indireto é utilizado apenas com espessuras muito pequenas (filmes).

Direto

Indireto

Como exemplos são descritos aqui a soldagem chata direta com corpo quente e a soldagem indireta por impulso de calor.

Soldagem chata com corpo quente

A soldagem chata com corpo quente é um processo bastante utilizado. Ele serve, por exemplo, para unir tubos de PP e PE ou para a produção de lanternas traseiras de automóveis. A seqüência de soldagem é mostrada na Figura 16.2.

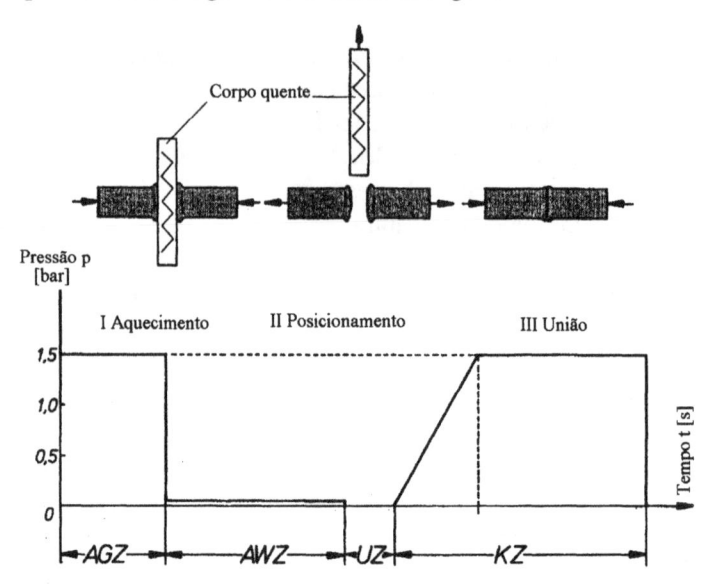

Fig. 16.2 - Seqüência de soldagem chata por corpo quente

Tempo de ajuste (AGZ)

Tempo de ajuste (AGZ): as superfícies a serem unidas são ajustadas entre si por fusão. A pressão de cerca de 1,5 bar atua até que seja possível verificar um bojo nas margens das superfícies de união.

Tempo de aquecimento (AWZ)

Tempo de aquecimento (AWZ): as superfícies são fundidas pelo corpo quente apenas com pressão de contato.

Tempo de posicionamento (UZ)

Tempo de posicionamento (UZ): o corpo quente é retirado o mais rápido possível.

Tempo de resfriamento (KZ)

Tempo de resfriamento (KZ): as superfícies a serem unidas são pressionadas entre si e mantidas assim. Com o aumento do resfriamento a pressão é crescente, observando-se o bojo de soldagem. A partir do ponto 4 é mantida uma pressão constante, somente até que a zona de solda atinja um calor suportável pela mão.

Soldagem por impulso de calor

Este é o processo de soldagem com corpo quente mais difundido. É utilizado apenas para filmes extremamente finos devido a péssima condutibilidade térmica do plástico. Seu grande mercado de aplicação é a indústria de embalagens, para fechamento de recipientes e sacos. A Figura 16.3 apresenta o processo.

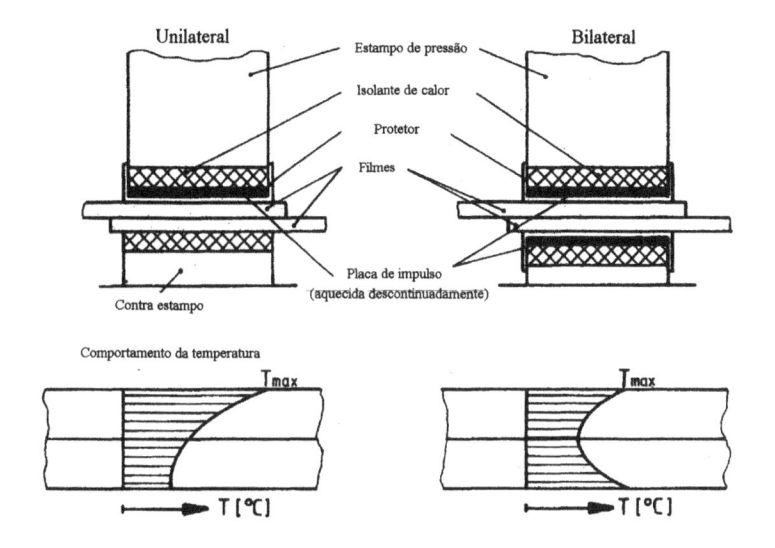

Fig. 16.3 - Soldagem por impulso de calor

No processo, os finos trilhos metálicos, revestidos de uma camada antiaderente, são aquecidos por curtos impulsos de alta energia. Estes trilhos passam o calor através de condução aos filmes, que fundem e soldam. Existem os processos unilateral e bilateral. No unilateral o filme é aquecido por trilhos metálicos apenas de um lado e no bilateral, por ambos os lados.

Os processos geram uma distribuição de calor desfavorável sobre as peças a serem soldadas. É necessário que os pontos de contato dos filmes atinjam a temperatura de fusão sem que o local mais quente atinja a temperatura de degradação do plástico.

Soldagem por gás quente

Soldagem por gás quente

Um outro grupo é o de processos de soldagem com gás quente. Eles são realizados, em geral, manualmente e exigem um elevado grau de habilidade do operador. Para o aquecimento é utilizado um gás quente, como por exemplo ar limpo. As superfícies de união são aquecidas com o gás e soldadas sob pressão, geralmente com um material adicional. O processo é muito utilizado para montagem e conserto na construção de aparelhos e recipientes.

Soldagem em leque com gás quente

Um exemplo de soldagem com gás quente é a soldagem em leque (Figura 16.4).

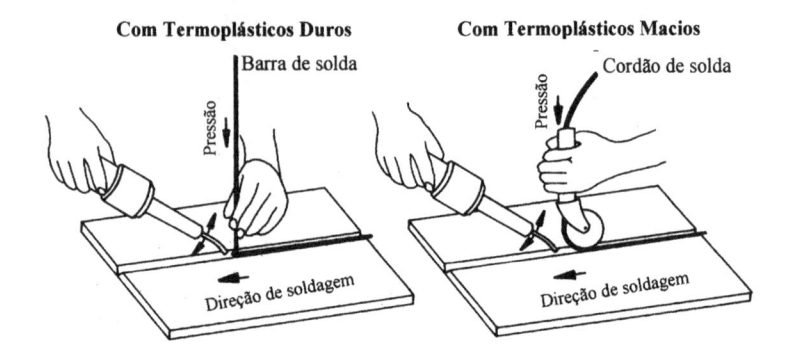

Fig. 16.4 - Soldagem em leque

Enquanto o material é aquecido frontalmente pela movimentação do fluxo de calor, o fio de solda deve ser conduzido com uma pressão vertical, de cima para baixo.

Soldagem por atrito

No processo de soldagem por atrito usa-se o calor de atrito para fundir o plástico. Pode-se classificar em atrito externo e interno.

Soldagem por atrito rotacional

Soldagem por atrito rotacional

Atrito externo

Na soldagem por atrito rotacional são soldadas peças com simetria rotacional por atrito externo. Enquanto uma peça gira, a outra é mantida parada e pressionada contra a rotativa com uma determinada força.

As superfícies de junta encaixam-se por fusão. Quando a costura atingir um bojo de soldagem suficientemente grande, o dispositivo de fixação é liberado e a costura resfria sob pressão. O processo é apresentado na Figura 16.5.

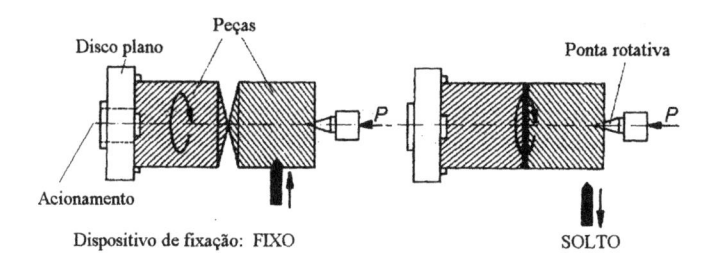

Fig. 16.5 - Soldagem por atrito rotacional

Soldagem por ultrassom

Na soldagem por ultrassom o material é fundido por atrito interno. Aqui é utilizado o poder de amortecimento mecânico do plástico. Um aparelho gera uma vibração mecânica de alta freqüência. Esta vibração atravessa a peça e é refletida, gerando uma onda permanente. Se o amortecimento da peça for muito elevado, ele absorve esta vibração e ela não atinge as superfícies de união. O processo encontra aplicação em grandes escalas na indústria de produtos domésticos, elétricos e brinquedos.

Soldagem por ultrassom

Atrito interno

Soldagem por radiação

A energia para fundir as superfícies de união é conseguida por feixes de calor ou luz.

Soldagem por feixe de luz

As superfícies de união do plástico são fundidas por meio de feixes de luz. Naturalmente, o plástico não pode ser transparente, senão ele absorveria muito pouca luz.

Soldagem por feixe de luz

Soldagem por indução

Soldagem por indução

Campo magnético

Neste processo é colocado, entre as peças a serem unidas, um material adicional que contém um pó que pode ser ativado magneticamente. Este pó é ativado por um campo magnético de alta freqüência e assim, aquecido. O pó aquece o material adicional e ele as superfícies de união, que então são unidas sob pressão. Com este processo podem ser soldadas inclusive peças com formas complexas e superfícies de difícil acesso.

Exercícios de Controle da Lição 16

N° Questão	Resposta
1 As superfícies de união de peças de plástico atingem um estado _____ na soldagem.	termoplástico termoelástico
2 Os durômeros e elastômeros _____ ser soldados.	podem não podem
3 Dois plásticos diferentes podem ser soldados entre si, quando possuirem _____ e _____ semelhantes.	condutibilidade térmica viscosidade temperatura de fundido cor
4 Na soldagem com corpos quentes o calor é transferido ao plástico por meio de _____ .	convecção radiação condução
5 Para conserto de recipientes, muitas vezes é utilizada a soldagem _____ .	com gás quente com corpo quente por indução
6 O processo de soldagem por atrito é dividido em _____ e _____ .	interno superior inferior externo
7 Com o processo de soldagem por indução podem ser soldadas peças _____ .	grandes em grande quantidade complicadas

Usinagem de Plásticos

Perguntas Dirigidas Que propriedades dos plásticos influenciam no processamento mecânico?
Quais as regras de processamento que resultam deste fato?
Que processos e ferramentas existem?

Assunto Do Plástico ao Produto

Conteúdo
1 Fundamentos
2 Processos de usinagem

Exercícios de Controle da Lição 17

Conhecimento prévio Divisão dos Plásticos (Lição 5)
Comportamento de Plásticos em Relação
à Variação de Forma (Lição 6)

17.1 Fundamentos

Processo

Aos processos mecânicos de transformação dos plásticos pertencem serrar, fresar, tornear, furar, retificar e polir.

Propriedades dos plásticos

A experiência adquirida com estes processos no trabalho com os metais não pode ser transferida diretamente ao trabalho com os plásticos, uma vez que estes apresentam propriedades diferentes em relação aos metais.

- O plástico conduz o calor pior do que o metal. Assim, o calor produzido por atrito durante o processamento é removido com dificuldade do material. A ferramenta deve ser especialmente bem refrigerada para que o plástico não funda ou até degrade.
- A dilatação térmica dos plásticos é muito mais alta. Com isso, no corte pode acontecer que o disco de serra cole no plástico ou que se obtenha uma medida fora da especificada na furação. Após o resfriamento, os furos podem ficar 0,05 a 0,1mm menores do que a broca selecionada.
- Os plásticos são especialmente sensíveis a entalhes. Os cortes devem ser lisos para não prejudicar a resistência à solicitação mecânica.
- Os plásticos possuem, via de regra, menor rigidez que os metais. Por isso as forças de corte necessárias são menores.

Regras de processamento

Das propriedades citadas surgem regras, que devem ser observadas no processamento:
- os termoplásticos não devem ser aquecidos acima de 60°C e os durômeros acima de 150°C;
- o aquecimento é influenciado pela velocidade de corte, pelo avanço e pela geometria de corte. Além disso, é possível refrigerar a aresta de corte com o fluido de corte;
- para obtenção de cortes lisos devem ser utilizadas máquinas de funcionamento suave e constante.

17.2 Processos de usinagem

Serrar

Serrar

Para serras circulares são utilizados discos de corte de aço rápido ou discos de pastilhas de metal duro. A distância entre os dentes (arestas de corte) deve ser relativamente pequena (Figura 17.1).

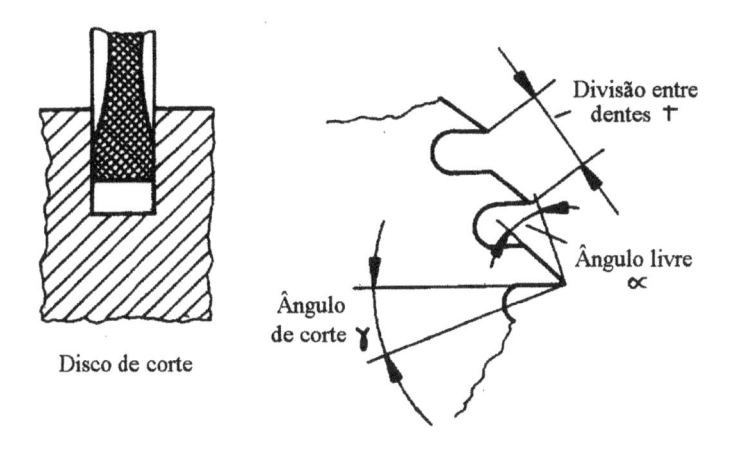

Disco de corte

Divisão entre dentes $\top$

Ângulo livre ∝

Ângulo de corte γ

Fig. 17.1 - Formato dos dentes em discos de corte

Em serras de fita os dentes são levemente cruzados, para evitar que as fendas dos dentes sejam preenchidas com plástico fundido. Alguns valores orientativos para o corte de plásticos são fornecidos na Figura 17.2.

Plásticos	Ferramentas	α (°)	γ (°)	Γ (°)
Termoplásticos	SS (aço rápido)	30-40	5-8	2-8
	HM (metal duro)	10-15	0-5	2-8
Duroplásticos	SS	30-40	5-8	4-8
	HM	10-15	3-8	8-18

Fig. 17.2 - Valores orientativos para o corte de plásticos

Fresagem

Fresas para plásticos tem, em relação às fresas para metais, um menor número de arestas, mas em relação às fresas para madeira, um número maior. Elas são feitas de aço rápido ou metal duro, ou ainda com pastilhas de metal duro. A velocidade de corte deve ser mantida tão alta quanto possível e o avanço relativamente pequeno. Quanto mais duro o material, tanto menor deve ser o ângulo de corte (Figura 17.3).

Fresagem

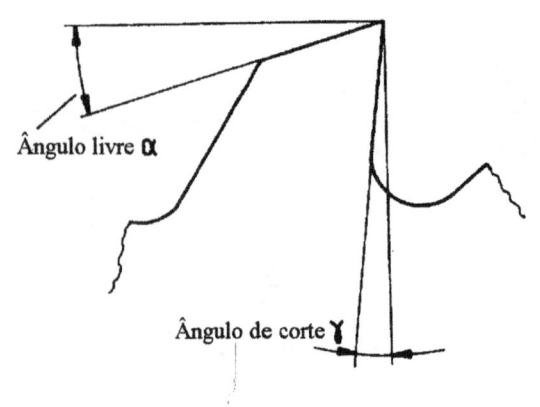

Fig. 17.3 - Ângulos de ferramentas na fresagem

Quanto mais macio o material, tanto menor deve ser selecionado o número de arestas e tanto maior o avanço. Alguns valores orientativos para a fresagem de plásticos são fornecidos na Figura 17.4.

Plásticos	Ferramentas	$\alpha\,(°)$	$\gamma\,(°)$
Termoplásticos	SS (aço rápido)	2-15	até 15
Duroplásticos	SS	até 15	15-25
	HM (metal duro)	até 10	5-15

Fig. 17.4 - Valores orientativos para a fresagem de plásticos

Furação

Furação

As brocas helicoidais para metais também podem ser usadas para plásticos. Brocas com estrias íngremes extraem melhor o cavaco (Figura 17.5).

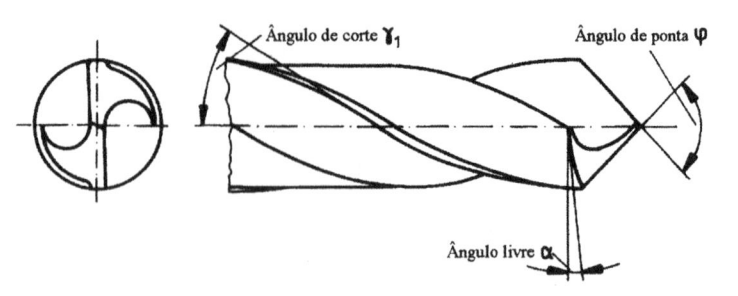

Fig. 17.5 - Ângulos de ferramenta em brocas helicoidais

Devido à grande deformação do plástico pelo calor de atrito na furação, os furos ficam de 0,05mm a 0,1mm menores do que o diâmetro da broca. Na prática, seleciona-se uma broca maior para atingir a medida desejada.

Calor de atrito

Em materiais que fundem facilmente, como PE e PP, trabalha-se com grande avanço e pequena velocidade de corte, para extrair o calor junto com o cavaco. Em diâmetros de furos de 10mm até 150mm, trabalha-se com broca oca com ponta de diamante. Alguns valores orientativos para a furação de plásticos são fornecidos pela Figura 17.6.

Plásticos	Ferramentas	α (°)	γ (°)	ϕ (°)
Termoplásticos	SS (aço rápido)	3-12	3-5	60-110
Duroplásticos	SS	6-8	6-10	100-120
	HM (metal duro)	6-8	6-10	100-120

Fig. 17.6 - Valores orientativos para a furação de plásticos

Torneamento

O torno deve ser operado com velocidade constante e com um fluido de refrigeração. As ferramentas podem ser de aço rápido (Figura 17.7).

Torneamento

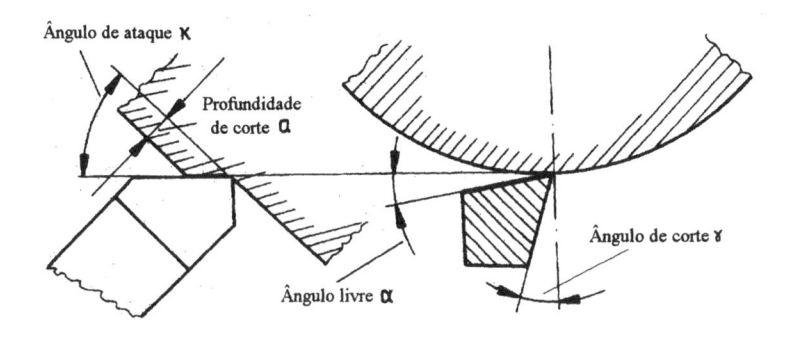

Fig. 17.7 - Ângulos de ferramentas de torneamento

Para durômeros e plásticos reforçados são usadas ferramentas com inserto de metal duro. Alguns valores orientativos para o torneamento são fornecidos pela Figura 17.8.

Plásticos	Ferramentas	α (°)	γ (°)	K (°)	a (mm)
Termoplásticos	SS (aço rápido)	5-15	até 10	15-60	até 6
Duroplásticos	SS	5-10	15-25	45-60	até 5
	HM (metal duro)		10-15	45-60	até 5

Fig. 17.8 - Valores orientativos para o torneamento de plásticos

Retificação e polimento

Retificação

A retificação acontece com lixas manuais comuns ou com fitas de lixamento. A velocidade de retificação da fita deve ser de cerca de 10m/s.

Polimento

Para o polimento são utilizados discos de feltro com pasta de polimento. Para que a superfície dos termoplásticos não seja fundida no polimento, o processo é interrompido várias vezes.

Exercícios de Controle da Lição 17

Nº Questão	Resposta
1 No corte, o plástico pode fundir-se na ferramenta, uma vez que ele conduz _____ o calor do que o metal.	melhor pior
2 Devido a alta _____ do plástico, o disco de corte pode colar no plástico durante o corte.	condutibilidade térmica deformação térmica viscosidade
3 Após o resfriamento, um furo que se faça no plástico será _____ o diâmetro da broca.	maior que menor que do mesmo tamanho que
4 Para plásticos e metais _____ ser utilizadas as mesmas brocas.	podem não podem
5 A velocidade de corte no fresamento deve ser tão _____ quanto possível.	alta baixa
6 O torno deve operar com _____.	um fluido refrigerante refrigeração por ar

Lição 18

Colagem de Plásticos

Perguntas Dirigidas	Em quais fundamentos físicos e químicos baseia-se a colagem? Que processos de colagem existem? Como deve ser formada uma união colada? Que plásticos podem ser colados entre si?
Assunto	Do Plástico ao Produto
Conteúdo	1 Fundamentos 2 Divisão dos materiais colantes 3 Execução da colagem Exercícios de Controle da Lição 18
Conhecimento prévio	Divisão dos Plásticos (Lição 5)

18.1 Fundamentos

Técnica de contato

A colagem de plásticos é uma técnica de união de superfícies inteiras. Ao contrário da soldagem, todos os tipos de plásticos podem ser colados, portanto também os elastômeros e durômeros. Além disso, podem ser colados plásticos totalmente diferentes entre si e com outros materiais. Como vantagens tem-se, entre outras:

Vantagens

- podem ser coladas peças finas, pequenas e complicadas e;
- a união colada pode servir como vedação, amortecedor de vibração, isolante térmico ou elétrico e ajuste de irregularidades.

Mecanismo de colagem

O mecanismo de colagem refere-se a união interna da cola (coesão) e a união entre cola e peça (adesão). A adesão mecânica corresponde a ancoragem da cola nas rugosidades superficiais da peça a ser colada (Figura 18.1).

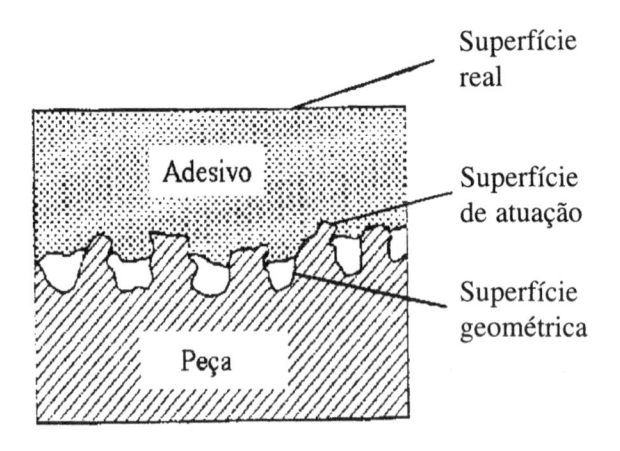

Fig. 18.1 - Ancoragem

Adesão

Estas forças de adesão são muito pequenas e atuam somente por contato direto entre cola e superfície. Por isso nada deve atrapalhar este contato. Para permitir isto, as superfícies devem ser limpas de gorduras e partículas de sujeira antes da colocação do adesivo.

Normalmente a coesão atua apenas internamente na cola. Uma força de coesão pode também aparecer entre duas peças quando o plástico a ser colado for solúvel. Um diluente puro é colocado na superfície, difunde-se e dilui o plástico, soltando as ligações intra-moleculares entre as moléculas neste ponto. Pela pressão de uma peça contra a outra, suas moléculas misturam-se entre si e formam uma ligação rígida por meio de forças de coesão (Figura 18.2).

Coesão

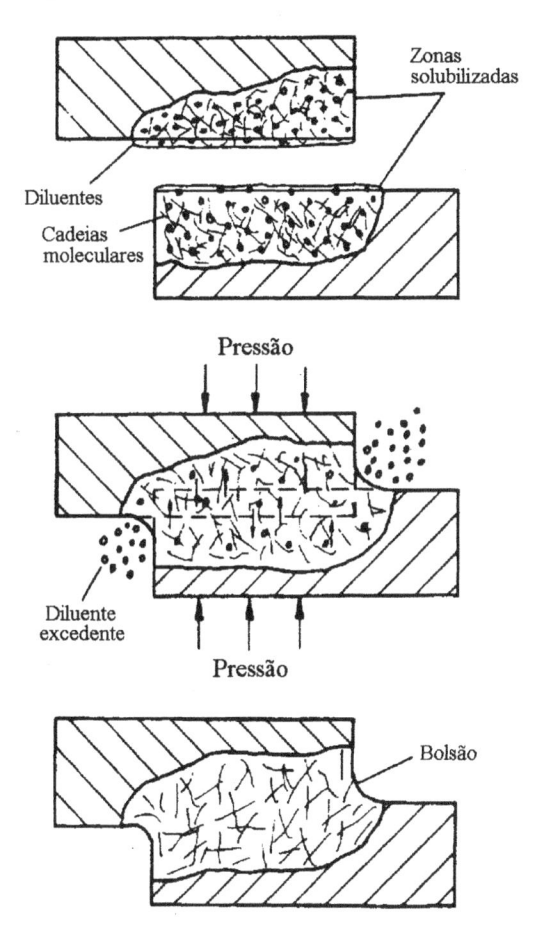

Fig. 18.2 - Colagem com diluentes

Junto a limpeza, rugosidade e solubilidade das superfícies de união, também tem grande importância a polaridade e molhabilidade das peças na maneira como elas são coladas. Um resumo sobre a adesividade dos diferentes plásticos é apresentado na Figura 18.3.

Adesividade

Plástico Adesividade	Molhabilidade	Polaridade	Solubilidade
Polietileno	--	apolar	insolúvel	--
Polistirol	--	apolar	solúvel	+
PVC rígido	+	polar	solúvel	+
Polimetil-metacrilato	+	polar	solúvel	+
Resina fenolformaldeido Tipo 31	+	polar	insolúvel	+
Resina poliéster insaturada Tipo 801	+	polar	insolúvel	+
Poliamida 66	+	polar	difícil solubilidade	-

bom: +   médio: -   ruim: --

Fig. 18.3 - Adesividade dos plásticos

Tipos de solicitação

Ao lado da qualidade das superfícies colantes propriamente ditas, é muito importante o tipo e a posição em que elas se encontram nas peças a serem coladas. A força que atuará na costura deverá provocar, no máximo, uma tensão cisalhante sobre a emenda, e nunca causar o efeito de descascamento. Os diferentes tipos de solicitação que a força pode provocar em uma união colada podem ser vistos na Figura 18.4.

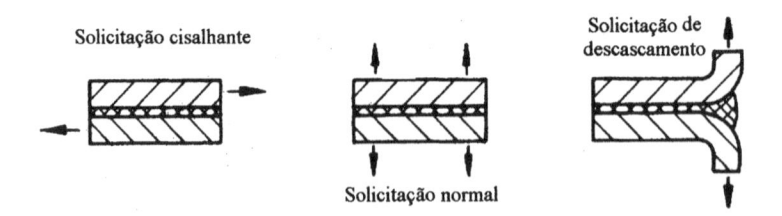

Fig. 18.4 - Tipos de solicitação sobre uma união colada

Tipos de união

A Figura 18.5 mostra algumas das possíveis formas de uniões coladas.

18.2 Divisão dos materiais colantes

Adesivos solúveis fisicamente

Para que as superfícies a serem coladas sejam bem molhadas, os adesivos são, muitas vezes, diluidos em solventes orgânicos ou dispersos em água (divididos finamente).

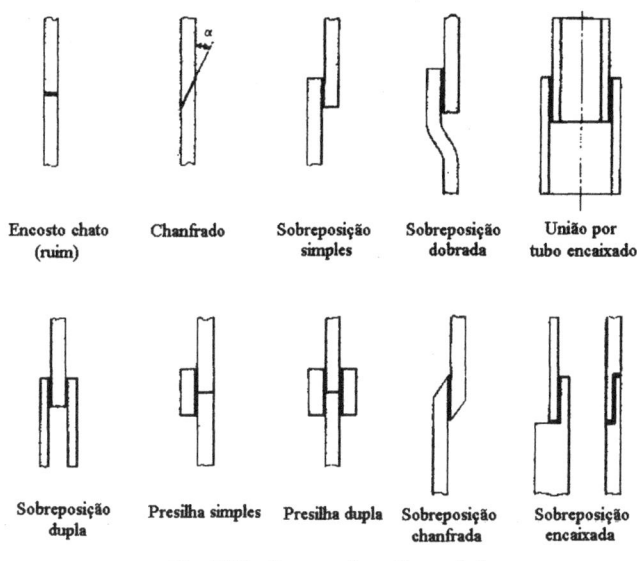

| Encosto chato (ruim) | Chanfrado | Sobreposição simples | Sobreposição dobrada | União por tubo encaixado |

| Sobreposição dupla | Presilha simples | Presilha dupla | Sobreposição chanfrada | Sobreposição encaixada |

Fig. 18.5 - Formas de uniões coladas

Para que o adesivo enrijeça e as superfícies fiquem bem coladas, o solvente deve poder ser separado do adesivo. Ou ele é evaporado ou é retirado da superfície de adesão. Deve, porém, ser investigado se o solvente não atuará negativamente no plástico. Pode ocorrer, por exemplo, a formação de tensões internas no plástico que ocasionariam trincas na peça.

Efeito do solvente

Um exemplo de um adesivo com solvente é o adesivo de contato. Com ele as superfícies molhadas com a cola devem ficar abertas (expostas) até que o solvente evapore. Somente quando o adesivo der a impressão de estar seco, as superfícies são pressionadas uma contra a outra e então coladas. Neste caso não é mais possível uma correção da colagem.

Adesivo de contato

Colagem com solvente

Um tipo especial é a colagem apenas com solvente, o qual dilui o plástico. O solvente é colocado sobre as superfícies, difunde-se e dilui o plástico. Pressionando-se as peças entre si, as suas moléculas misturam-se e surge uma união rígida. O processo pode ser visto na Figura 18.2.

Colagem com solvente

Adesivo fundido

Adesivos fundidos são colocados como massas plastificadas nas superfícies, as quais são então pressionadas entre si. Ao resfriar, o adesivo endurece. Como este tempo de resfriamento é bastante curto, este processo é muito utilizado na produção em série.

Adesivos solúveis quimicamente

Adesivos de reação

Como o nome já diz, os adesivos de reação colam por meio de reação química. Nesta reação, que pode ser uma polimerização, poliadição ou policondensação, surge uma macromolécula encadeada (durômero). A reação é iniciada por endurecedor, acelerador ou calor, dependendo do sistema utilizado.

Endurecimento

O adesivo só deve ser misturado instantes antes da colagem dos diferentes componentes (sistema de dois ou mais componentes), uma vez que a reação ocorre rapidamente e endurece o adesivo misturado. Após o endurecimento não há mais possibilidade de reprocessamento.

18.3 Execução da colagem

Qualidade

A execução da colagem tem uma influência decisiva sobre a qualidade da união. Como já esclarecido anteriormente, a colagem ocorre nas seguintes etapas:

Obtenção de superfícies adequadas

Superfícies

A condição mais importante é que as peças e a costura sejam formadas adequadamente para a colagem. Deste formato vai depender qual o tipo de solicitação que uma força poderá exercer sobre a união colada. Como já mencionado acima, uma força atuante sobre a costura não deve ocasionar uma solicitação de descascamento.

Superfícies limpas e desengorduradas

Limpeza

Além disso, é importante que a colagem não seja prejudicada por sujeiras. Para a limpeza são utilizados, dependendo da sujeira, banhos com solventes orgânicos ou purificadores alcalinos, banhos de ultrassom ou banhos de desengorduramento por vapor.

Tratamento das superfícies

Para elevar ainda mais as propriedades das superfícies na colagem, elas são tratadas. Para plásticos facilmente coláveis, a elevação da rugosidade superficial pode ser obtida mecanicamente (lixamento, jato de areia) ou quimicamente (ataque). Superfícies de plásticos difíceis de colar podem ser ativadas por colocação de ácidos ou por oxidação.

Tratamento

Colocação do adesivo

Deve ser observado que se obtenha uma molhabilidade homogênea nas superfícies e uma espessura de camada constante na colocação do adesivo.

Colocação

Espera até que o adesivo esteja apto a aderir

O tempo que se deve esperar até que hajam condições de adesão varia muito de adesivo para adesivo. Este tempo deve ser mantido em todos os casos, senão o mecanismo de adesão pode ser prejudicado e gerar uma união claramente deficiente ou, até mesmo, inexistente.

Tempo

União e fixação das peças a serem coladas

Após a união entre as peças a serem coladas, estas são submetidas a uma pressão, que elimina o ar entre as superfícies e, com isto, também determina a espessura do filme de cola. Em adesivos que tenham um longo tempo de endurecimento é bastante coerente que as peças sejam fixadas após a prensagem, de maneira a evitar deslocamento das superfícies.

União

Endurecimento do adesivo

Os diferentes adesivos possuem variados tempos de endurecimento, que devem ser respeitados, em todos os casos, antes de submeter a união colada a solicitações.

Endurecimento

Retirada da fixação

Fixação

Após o endurecimento do adesivo, as fixações entre as peças coladas podem ser retiradas. Mesmo que o adesivo já esteja suficientemente endurecido para que a fixação possa ser retirada, é necessário, muitas vezes, aguardar-se ainda mais um tempo até que a união colada possa ser submetida ao esforço máximo.

Atualmente este processo de união pode ser considerado como valioso quando se executa de forma correta a colagem de plásticos. Com ele podem ser produzidas uniões inseparáveis com alta resistência.

Exercícios de Controle da Lição 18

N° Questão	Resposta
1 Ao contrário das técnicas de soldagem, os elastômeros e durômeros _____ colados.	podem não podem
2 O mecanismo de colagem baseia-se em _____.	coesão adesão coesão e adesão
3 Para que a colagem alcance uma boa rigidez, as superfícies devem ser especialmente _____.	grandes lisas limpas
4 As forças que atuam na costura não devem exercer solicitação de _____.	tração pressão descascamento
5 Os adesivos de reação são _____ após o endurecimento.	durômeros elastômeros termoplásticos
6 Os adesivos de reação devem ser misturados imediatamente antes da colagem, uma vez que eles reagem _____ e não podem mais ser trabalhados após o endurecimento.	rapidamente vagarosamente

Produtos de Plástico e o Problema do Lixo

Perguntas Dirigidas Que tipos de plásticos existem?
Quanto de plástico é produzido e qual sua aplicação?
Quanto tempo de vida possuem os produtos de plástico?
Que problemas principais apresenta o lixo plástico?
O que deve ser observado no manuseio do lixo plástico?

Assunto Ecologia dos Plásticos

Conteúdo
1 Discussão sobre o lixo plástico
2 O plástico na produção e transformação
3 Produtos de plástico e seu tempo de vida
4 Redução e aproveitamento do lixo

Exercícios de Controle da Lição 19

Conhecimento prévio Divisão dos Plásticos (Lição 5)

19.1 Discussão sobre o lixo plástico

A problemática do lixo plástico prende-se, acima de tudo, à 4 pontos:

Problema de volume

- os resíduos plásticos tem, em relação ao seu peso, um grande volume e só podem ser compactados com dificuldade, de maneira que eles ocupam muito espaço quando refugados;

Biodegradabi-lidade

- os resíduos plásticos apresentam, geralmente, péssima biodegradabilidade, de maneira que eles não podem ser digeridos pelos círculos biológicos;

Materiais tóxicos

- os resíduos plásticos contém, em parte, materiais que causam problemas na queima em instalações de incineração de lixo. Estes materiais são, por exemplo, o cloro no PVC, o nitrogênio no PUR e no PA, o flúor no PTFE, o enxofre na borracha e metais pesados em muitos plásticos;

Capacidade de reciclagem

- os resíduos plásticos não são facilmente recicláveis, uma vez que eles se encontram, muitas vezes, sujos e misturados. Assim, não resta nada mais as empresas de coleta a deposição ou queima com as dificuldades citadas acima.

Redução e rea-proveitamento

Todos estes problemas passariam ao segundo plano se fosse possível reduzir e reaproveitar melhor os resíduos plásticos. Uma vantagem adicional seria que o plástico, como um material valioso que é, não ficaria inutilizado num depósito após seu uso ou que apenas sua energia fosse aproveitada por queima.

A seguir gostaríamos de considerar melhor a quantidade e a composição dos resíduos plásticos, para conhecer possibilidades de redução e reaproveitamento dos mesmos.

19.2 O plástico na produção e transformação

Produção de plásticos

A produção de plásticos cresce constantemente desde o início de sua aplicação prática. Nos últimos 30 anos ele cresceu mais do que 9 vezes. A Alemanha produz mais plástico e produtos de plástico do que ela própria consome, de maneira que a exportação é maior do que a importação.

Na Figura 19.1 está apresentada a distribuição da produção de plásticos nas diferentes áreas para o ano de 1984. Os dados são de 1984 porque neste ano foram feitas estatísticas completas sobre produtos de plástico.

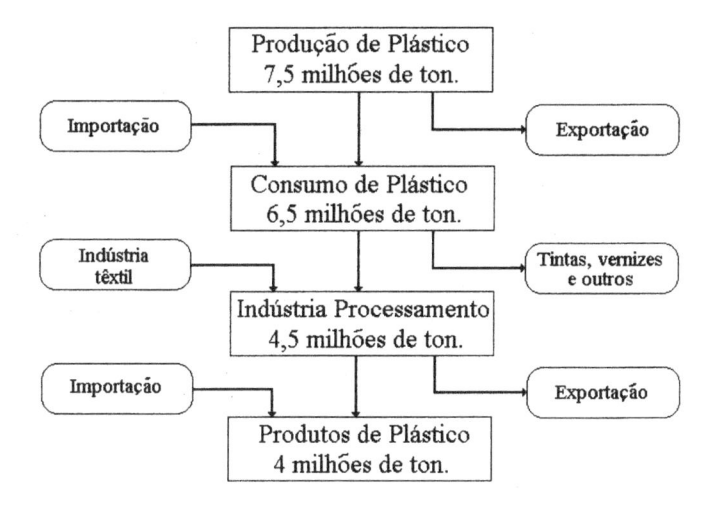

Fig. 19.1 - Distribuição da produção de plásticos na Alemanha Ocidental no ano de 1984

Assim, foram produzidas 7,5 milhões de toneladas de plástico, onde cerca de 6,5 milhões de toneladas foram consumidas na Alemanha Ocidental, das quais cerca de 4,5 milhões de toneladas foram processadas na indústria de plástico. Com isso, os produtos fabricados de plástico dividem-se nas diferentes áreas de aplicação como segue (Figura 19.2).

Produção anual

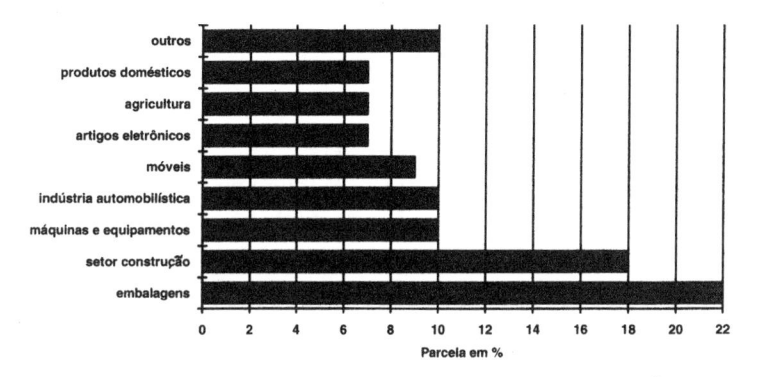

Fig. 19.2 - Produtos de plástico por área de aplicação (1984)

Considerando-se ainda a importação e exportação, foram vendidos em 1984 algo em torno de 4 milhões de toneladas de produtos de plástico. Mais estupendo parece este fato se verificarmos que no mesmo ano foram gerados apenas cerca de 1,7 milhões de toneladas de lixo plástico. Uma explicação para isto é dada na próxima seção.

Quantidade de resíduos

19.3 Produtos de plástico e seu tempo de vida

Tempo de vida

Geralmente o tempo de vida dos produtos de plástico é subestimado. A população associa ainda o plástico com produtos descartáveis. O motivo disto está certamente na utilização dos plásticos em embalagens descartáveis.

Embalagens

Observando melhor as áreas de aplicação de produtos de plástico, que conhecemos nos capítulos anteriores, concluiremos que as embalagens não chegam a compor nem 1/4 do total. Sobressaem-se as aplicações onde os plásticos são processados devido a sua capacidade de vida longa. Esta impressão também é comprovada pelas pesquisas cujos resultados são apresentados na Figura 19.3.

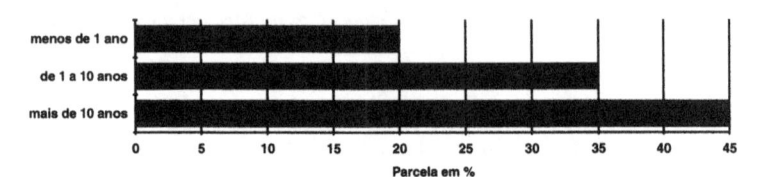

Fig. 19.3 - Tempo de vida de produtos de plástico

Tempo de utilização

Aqui podemos ver que cerca de 20% dos produtos de plástico são jogados fora no intervalo de 1 ano, enquanto que 35% de todos os produtos de plástico são usados de 1 a 10 anos. E 45% dos produtos viram lixo apenas depois de mais de 10 anos de uso.

CD

Por exemplo, o CD é um produto com vida longa e também a caixa do CD vira lixo apenas após um longo período de uso. Em contrapartida, o filme de embalagem ou de proteção com o qual o CD é embalado é jogado diretamente no lixo após a compra. Ele é, como a maioria das embalagens, um produto com curto tempo de vida.

Advento do lixo plástico

No total, foram consumidos, na Alemanha, desde 1945, cerca de 61 milhões de toneladas de produtos de plástico. Destes, até agora, transformaram-se em lixo apenas 21 milhões de toneladas. Portanto, a maior parte destes produtos ainda está em aplicação como produto de longa duração. Logicamente, num futuro próximo, também estes produtos serão sucateados. Na Figura 19.4 é apresentada a produção de plástico e o advento do lixo ao longo dos anos.

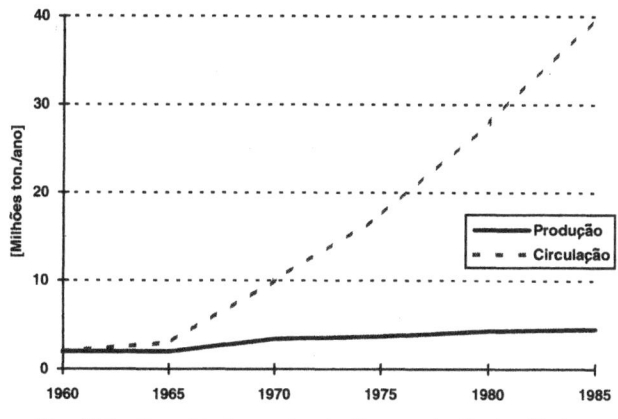

Fig. 19.4 - Quantidade em circulação e produção de plásticos

Do gráfico pode-se verificar que a geração do lixo plástico crescerá rapidamente até o ano 2.000. O motivo para isto está no fim da utilização daqueles produtos de vida longa, que comporão até lá cerca de 2/3 do lixo. Este desenvolvimento terá conseqüências também sobre a composição atual do resíduo. Até agora encontrava-se os plásticos principalmente no lixo doméstico e industrial. O lixo doméstico tem uma participação atual em peso de cerca de 6%, os quais correspondem muitas vezes a 30% em volume. Esta parcela é determinada principalmente pelas embalagens.

Lixo doméstico

A composição das parcelas de plástico no lixo doméstico é apresentada na Figura 19.5.

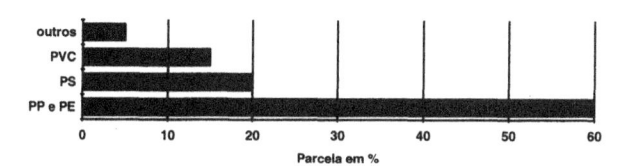

Fig. 19.5 - Composição das parcelas de plástico no lixo doméstico

Pode-se observar que no lixo doméstico encontram-se principalmente os plásticos PE, PP, PS e PVC. Destes, destacam-se ainda as poliolefinas PE e PP com 60% de participação.

Lixo retalhado

Quando os produtos de vida longa estão a ponto de serem descartados, eles geralmente não são jogados nos lixões domésticos, mas sim em lixões fechados e industriais (por exemplo, nos trituradores de instalações de reaproveitamento).

19.4 Redução e aproveitamento do lixo

Estes dois termos sempre são citados novamente como soluções nas discussões sobre a problemática do lixo.

Redução
do lixo

A redução do lixo, que preferencialmente regulamenta o reaproveitamento do lixo objetiva a redução da quantidade de resíduo e material defeituoso diretamente na produção. Isto pode ser conseguido, por exemplo, com múltiplas aplicações ou com reutilização dos produtos. As garrafas não descartáveis são um bom exemplo.

No geral, a redução do lixo significa uma mudança do negócio de descartáveis para um tratamento correto e criativo de produtos de vida longa, que serão realmente bem utilizados. Produtos que são utilizados durante um longo e repetitivo tempo também viram lixo com muito menos freqüência. Assim seria necessário também reaproveitar ou tratar muito menos materiais residuais. O problema do lixo seria, assim por dizer, derrotado na raiz da produção em massa e no elevado consumo desnecessário.

Reaproveita-
mento do lixo

Mas também o reaproveitamento do lixo deve ser considerado já na produção. Para isto os produtos devem ser fornecidos de tal maneira que eles sejam totalmente reaproveitáveis. Também na venda são necessárias algumas alterações para que os produtos sejam adequados ao reaproveitamento por uso e que não sejam misturados no lixo comum.

Exemplos

A seguir são apresentados alguns exemplos de como podem ser consideradas a redução e o reaproveitamento do lixo na produção:

- com o uso, nos moldes de injeção, de sistemas de câmara quente, que originalmente foram desenvolvidas para um aperfeiçoamento da sistemática de fabricação, pode ser evitada uma grande quantidade de resíduos de produção. Um "canal quente" é uma peça aquecida, do sistema de alimentação em um molde de injeção, pela qual o plástico fundido passa para preencher a cavidade. Pela forma como este canal é aquecido, o plástico fundido não consegue solidificar-se, podendo então ser aproveitado para a injeção do próximo ciclo. Assim pode-se economizar grandes quantidades em resíduos de canais, os quais de outra forma teriam de ser reaproveitados ou tratados;
- pela substituição de aditivos que contenham metais pesados por substâncias menos venenosas pode-se evitar resíduos especiais, que surgem na incineração do lixo;
- muitos produtos são compostos de vários materiais diferentes. Para que se possa separar mais facilmente estes materiais uns dos outros, os produtos devem ser construidos de forma especial. Assim, os produtos devem ser produzidos de maneira orientada à reciclagem, para que eles possam ser reparados ou desmontados facilmente. Somente assim eles poderão ser reaproveitados quando apresentarem defeitos ou estiverem gastos.

Mesmo que este impulso para a redução e reaproveitamento do lixo avance lentamente na indústria, as melhorias já poderiam ser aplicadas na produção atual. Com isto a redução da pressão sobre o problema do lixo poderia ser notada em alguns anos, dependendo de cada produto. Como conseqüência, parece evidente que se deva atacar o problema também na ponta da corrente. O reaproveitamento de misturas de resíduos através de processos de separação e preparação é um começo para a solução dos problemas atuais.

Exercícios de Controle da Lição 19

N° Questão	Resposta
1 Em 1984 foram produzidos cerca de _____ milhões de toneladas de plástico na Alemanha.	4,0 7,5
2 Cerca de _____ milhões de toneladas de produtos de plástico foram vendidas na Alemanha em 1984.	4,0 7,5
3 Cerca de _____ milhões de toneladas de lixo plástico foram gerados na Alemanha em 1984.	1,7 4,0
4 Compare voce a quantidade de artigos de plástico produzidos (Questão 2) com a quantidade de lixo plástico gerado (Questão 3) na Alemanha em 1984. A quantidade de lixo equivale apenas a cerca de _____ % dos produtos de plástico vendidos.	23 34 43
5 As embalagens são produtos de plástico de vida _____.	longa curta
6 Os engradados de cerveja são produtos de plástico de vida _____.	longa curta
7 As janelas de plástico são produtos de vida _____.	longa curta
8 Geralmente os produtos de plástico são de vida longa. Tanto que cerca de _____ % apenas são descartados após um tempo de uso superior a 10 anos.	20 35 45
9 Os resíduos de plástico ocupam _____ espaço em relação ao seu peso nos depósitos de lixo.	pouco muito
10 Os plásticos _____, ao contrário dos lixos puramente biológicos.	apodrecem quase não apodrecem
11 Na incineração alguns plásticos liberam produtos tóxicos, de maneira que _____ a redução e o reaproveitamento do lixo plástico ao invés de sua queima.	é preferível não é preferível

Reciclagem dos Plásticos

Perguntas Dirigidas   Por que reaproveitar os resíduos?
O que são ciclos de reciclagem e que ciclos são
imagináveis?
Os resíduos plásticos são reaproveitáveis?
Quais os problemas técnicos que devem ser solucionados
na reciclagem de plásticos?
Quais os resíduos plásticos atualmente reaproveitáveis e
o que acontece com eles?

Assunto   Ecologia dos Plásticos

Conteúdo

1 Reutilização e ciclo do material
2 Aproveitamento do lixo plástico
3 Reciclagem de termoplásticos da indústria
4 Reciclagem de termoplásticos do lixo doméstico

Exercícios de Controle da Lição 20

Conhecimento prévio

Divisão dos Plásticos (Lição 5)
Comportamento de Plásticos em Relação à Variação
    de Forma (Lição 6)
    Produtos de Plástico e o Problema do Lixo (Lição 19)

20.1 Reutilização e ciclo do material

Ciclo do material

Há alguns anos o reaproveitamento dos resíduos plásticos vem sendo cada vez mais discutido. O objetivo do reaproveitamento é não permitir que o lixo existente fique sem utilização, isto é, que ele seja inserido, através de uma preparação do material, novamente na produção.

Reciclagem

Este raciocínio leva a condição ideal de se aproveitar todos os materiais de forma similar a natureza, isto é, recolocá-los em um ciclo. Reciclagem (cycle = ciclo; re = repetir). Com a reciclagem pode-se reduzir não apenas a quantidade de lixo mas também economizar matéria-prima e energia para a produção de material novo. Com isto a reciclagem é, muitas vezes, um grande alívio para o meio ambiente.

Degradável

Ciclo de reciclagem

O benefício para a humanidade e o meio ambiente depende fortemente de como este ciclo se realiza, o quão utilizável ele é e se o produto gerado será utilizado. Existem diferentes ciclos de reciclagem, que são apresentados na Figura 20.1.

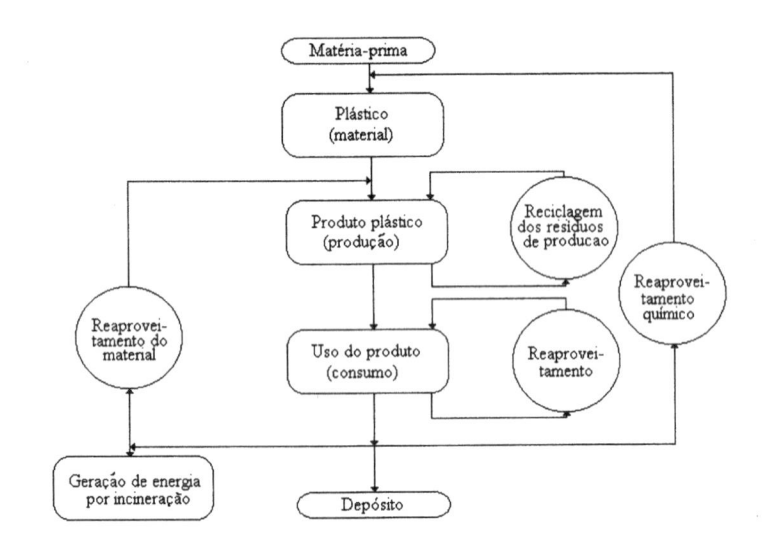

Fig. 20.1 - Ciclos de reciclagem

Duração do ciclo

Observa-se que existem pequenos e grandes ciclos. O tempo que um produto de plástico gasto precisa para se tornar um novo produto é, portanto, bastante variado.

Quanto mais curto é um ciclo, tanto menor é o esforço necessário para se reutilizar este produto. Assim, geralmente os ciclos curtos são melhores para o meio ambiente que os ciclos longos.

Quando possível, o reaproveitamento de material é mais indicado que o reaproveitamento químico ou a incineração, pois o seu ciclo é menor, sendo menos prejudicial ao meio ambiente. Adicionalmente, o reaproveitamento de material tem a vantagem de não liberar os materiais tóxicos que existem em alguns plásticos.

Formas de reaprovei-tamento

20.2 Aproveitamento do lixo plástico

O reaproveitamento depende do tipo de plástico. Os termoplásticos podem ter reaproveitamento de material através de fusão. Os resíduos devem ser, se possível, de um tipo de plástico, para que possam ser obtidas boas propriedades no produto.

Tipo de plástico

Na refusão de misturas, determinados plásticos serão degradados devido a temperatura necessária, enquanto outros ainda nem seqüer fundiram. Na Figura 20.2 são apresentadas as temperaturas de fusão do PVC, PA e PC.

Mistura de plásticos

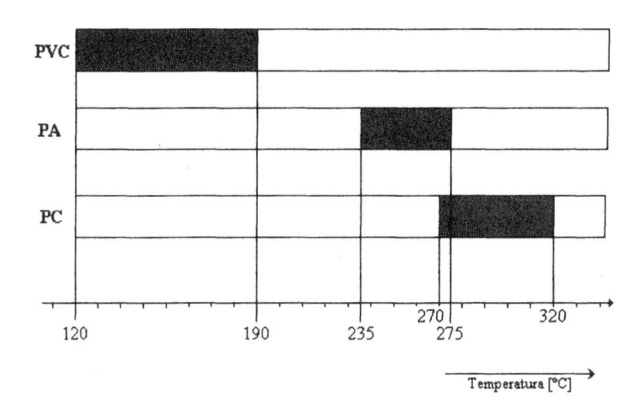

Fig. 20.2 - Faixas de temperaturas de fusão de diferentes plásticos

Faixa de temperatura de fusão	O PVC tem uma faixa de temperatura de fusão de 120 a 190°C, que no PA está entre 235 e 275°C. No PC, do qual nosso CD é fabricado, ela está inclusive entre 270 e 320°C. Daqui pode-se observar que não é possível encontrar uma temperatura de fusão para tipos de plásticos diferentes, uma vez que, por exemplo, a temperatura de 250°C, o PVC já foi degradado a tempos, o PC ainda não fundiu, enquanto que o PA está em uma temperatura ideal.

Assim não é possível obter uma massa homogênea a partir de uma mistura destes três plásticos. Produtos produzidos desta mistura não apresentariam boa qualidade. |
| *Sujeira* | Sujeiras que aderem aos resíduos, devem ser reduzidas ou eliminadas, porque elas são fundidas como corpos estranhos e reduzem a qualidade do produto. Por exemplo, a parcela de sujeira, em % de peso, em potes de iogurte é, geralmente, maior que o próprio peso do pote, que pesa apenas cerca de 6 gramas. Portanto, quando se reune resíduos plásticos acaba-se pegando, muitas vezes, uma parcela maior de sujeira do que a própria matéria-prima plástico, que deve ser separada daquela sujeira. |
| *Pureza dos tipos* | O melhor resultado na reciclagem de termoplásticos pode ser obtido quando os resíduos a serem utilizados forem completamente puros, isto é, iguais em genero e tipo de plástico, aditivos e cargas. Além disso, o resíduo deve estar limpo quando se quiser novamente fabricar produtos valiosos. |
| *Produtos reciclados* | Um exemplo de um bom produto reciclado é o engradado de cerveja de PP. A reciclagem deste produto é apresentada esquematicamente na Figura 20.3.

Os engradados defeituosos são reunidos na cervejaria. Como cada cervejaria retoma apenas os seus próprios engradados, eles são de um único tipo e da mesma cor. Os engradados são moídos em moinhos especiais no transformador de plásticos. As sujeiras aderidas ao plástico são lavadas com água por máquinas. O plástico moído e lavado é então seco e transformado, com aditivos, em novos engradados. Junto não é inserido nenhum material novo, se o nível de qualidade satisfizer a condição de reutilizável. Desta forma, o engradado de cerveja é um produto 100% reciclável. |

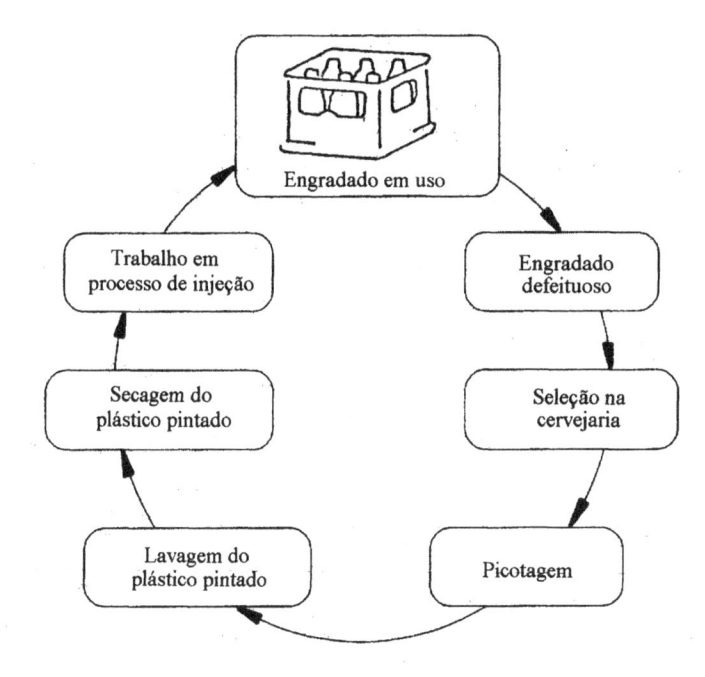

Fig. 20.3 - Ciclo de reciclagem de engradados de cerveja

Como o nosso CD pode ser reaproveitado?

O CD em si é um material composto de três camadas. A camada de PC claro, que contém as informações da música, a camada reflexiva de alumínio e uma camada de verniz para proteger o CD.

CD

Os três materiais só podem ser separados com processos extremamente complicados. Isto impede uma reciclagem simples através de refusão, uma vez que o plástico PC não é encontrado puro, mas sim contaminado com alumínio. Portanto, não se pode reaproveitar o material do CD. Via de regra, ele é de qualquer forma, um produto de vida longa.

Diferente acontece com a caixa do CD, que é composta de três partes: fundo e tampa são de PS claro; a peça interna, que mantém o CD fixo, é de PS com coloração. O índice do CD é de papel. Ele não é colado no plástico e pode ser retirado. Separando-se as partes da caixa por cor, pode-se moer e refundir as peças claras e fabricá-las novamente.

Caixa do CD

Resíduos de durômeros e elastômeros	Ao contrário das partes da caixa do CD feitas de termoplástico, os resíduos de durômeros e elastômeros não podem ser moldados uma segunda vez. Por esta razão o material só pode ser usado como carga quando finamente moído. Mas este caso é raro. Mesmo misturados em pequenas quantidades à resíduos termoplásticos, eles não são recomendados, uma vez que não se fundem ao serem aquecidos, reduzindo a qualidade dos produtos de paredes finas por serem corpos estranhos.

Os durômeros e elastômeros só podem ser reaproveitados quimicamente sob degradação das propriedades dos materiais. Instalações para reaproveitamento químico encontram-se ainda em fase de experimentação, conseguindo assim reduzir muito pouco a quantidade de lixo. Assim, a maior parcela dos resíduos de durômeros e elastômeros é incinerada ou colocada em depósitos.

20.3 Reciclagem de termoplásticos da indústria

Resíduos de termoplásticos

A reciclagem do termoplástico é a mais amplamente desenvolvida. Mas as possibilidades são extremamente dependentes de quão alta é a parcela de um determinado plástico na mistura de resíduos. Por isso devem ser rapidamente nomeados alguns tipos de resíduos e os processos de reciclagem a estes associados.

Resíduos de produção

Empresas de reaproveitamento

O aproveitamento dos resíduos de produção é largamente difundido. Ele acontece no próprio local de produção ou em empresas dedicadas ao reaproveitamento. Como os resíduos são coletados puros e limpos, eles só precisam ser moídos para poderem ser processados como novos materiais. Assim, no ano de 1.989 foram reaproveitadas cerca de 500.000 toneladas de resíduos de produção.

Resíduos de filmes

A reciclagem de outros resíduos termoplásticos de indústrias e fábricas só é viável se existir mais de 50% de um plástico do mesmo tipo. Isto atinge somente alguns determinados resíduos de embalagens industriais como filmes da agricultura. Nestes resíduos encontra-se uma grande parcela de filmes de PE. Estes filmes são moídos e liberados de materiais estranhos através de lavagem e separação. É possível inclusive separar, por seleção automatizada, plásticos inconvenientes como PVC e PS.

Após a secagem final, as aparas dos filmes são fundidas em forma de granulado em extrusoras. Este material, denominado de regranulado, apresenta elevada pureza e é utilizado em substituição a novo material na produção de filmes e tubos.

A quantidade de resíduos plásticos reaproveitados desta forma atingiu, em 1989, cerca de 20.000 toneladas. Isto corresponde a algo em torno de 1% do resíduo plástico que anualmente sai da produção.

Coleta seletiva

A maior parcela do resíduo industrial e fabril é composta de uma mistura de vários materiais e deve ser selecionada de início manualmente, para que os plásticos possam ser reunidos em uma pureza e quantidade suficientes. Melhor seria coletar os diferentes materiais em separado, para que se pudesse reduzir os custos de seleção.

20.4 Reciclagem de termoplásticos do lixo doméstico

As primeiras tentativas de coletar seletivamente o plástico do lixo doméstico foram realizadas em diferentes consumidores. Como já visto nos capítulos anteriores, o lixo doméstico contém cerca de 6% de plástico, de maneira que são produzidas por habitante por ano, cerca de 20 a 25 kg de resíduos plásticos que podem ser coletados. Estes resíduos contém por volta de 65% de PE, que poderia ser regranulado em uma instalação de reciclagem.

Sistema de coleta

Para se coletar os resíduos plásticos de lixo doméstico foram experimentados dois sistemas diferentes: o sistema de busca e o sistema de entrega. Os dois sistemas são apresentados na Figura 20.4.

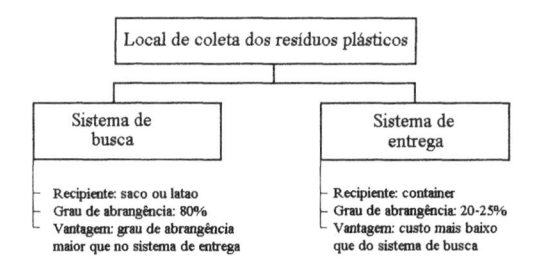

Fig. 20.4 - Sistemas de coleta de resíduos plásticos

Sistema de busca	Por sistema de busca entende-se que os resíduos são coletados pelos habitantes em sacos ou latões e recolhidos regularmente pelo caminhão do lixo. Com o sistema de busca pode-se abranger até um total de 80% do resíduo plástico. Os custos do sistema de busca são geralmente tão altos que só se justificam raramente. O motivo é que as embalagens plásticas pesam pouco mas apresentam um grande volume, de maneira que o veículo de lixo carrega muito "ar" de um lado para outro.
Sistema de entrega	O sistema de entrega baseia-se no fato de que o lixo é trazido até um "container", colocado num ponto central de coleta. Este sistema tem a desvantagem de que só consegue abranger um total de cerca de 20 a 25% dos resíduos plásticos. Todavia estes resíduos são mais limpos que os do sistema de busca. Neste método de coleta central é viável, muitas vezes, a colocação de um equipamento de pré-moagem para que seja economizado nos custos de transporte. No geral, os custos de coleta do lixo plástico doméstico são altos, de formas que este método tem sido utilizado.

Um problema é que até agora só o reaproveitamento do polietileno (PE) é viável, o que perfaz um total de 65% do lixo plástico, enquanto cerca de 35% do resíduo ainda é colocado nos depósitos.

Também foram feitos experimentos se selecionar manualmente garrafas plásticas e filmes do lixo doméstico colocado nos depósitos. Com isto conseguiu-se obter resíduos de PE relativamente limpos e puros, sendo viável sua preparação.

Custos de reciclagem	O preço ainda é o problema na reciclagem de resíduos plásticos misturados e sujos. A coleta, separação por tipo de plástico e o processo de limpeza custa hoje, muitas vezes, tanto quanto o novo produto.
Caracterização	Para melhorar as possibilidades de reciclagem, discute-se sobre a caracterização dos plásticos, de formas que a separação por tipos torne-se mais fácil e com isto mais barata. No geral, seria desejável, do ponto de vista ecológico, limitar a variedade dos diferentes plásticos e dos materiais compostos inseparáveis para a aplicação em embalagens.

Exercícios de Controle da Lição 20

1 O reaproveitamento de material dos depósitos pode contribuir para um consumo menor de _____ .

matéria-prima
energia e
  matéria-prima

2 Para a reciclagem, quanto _____ o ciclo do material, tanto menos prejudicial ele é para o meio ambiente.

maior
menor

3 Os termoplásticos podem ter reaproveitamento _____ através da fusão.

de material
químico

4 Atualmente os durômeros e elastômeros só podem ser _____ .

materialmente
  reaproveitados
quimicamente
  reaproveitados
incinerados

5 Os resíduos plásticos são melhor reaproveitados se eles estiverem _____ .

sujos
limpos

6 A reciclagem de resíduos de produção é possível, na maioria das vezes, porque os resíduos encontram-se limpos e _____ .

misturados
puros

7 Para reaproveitamento dos resíduos plásticos do comércio e da indústria são coletados principalmente _____ .

PE
PVC
PS

8 Materiais puros reciclados apresentam _____ qualidade.

também elevada
apenas baixa

9 Os dois sistemas que foram experimentados para coleta de lixo doméstico são o sistema de busca e o _____ .

sistema de entrega
sistema de busca

Bibliografia Selecionada

AKI (Hrg.) Kunststoffe, Werkstoffe unserer Zeit (3. Auflage)
Frankfurt a. M. 1988
Arbeitsgemeinschaft Deutsche Kunststoff-Industrie

Frank A./Biederbick K.-H. Kunststoff-Kompendium (2. Auflage)
Vogel Verlag, Würzburg 1988

Braun D. Erkennen von Kunststoffen (2. Auflage)
Carl Hanser Verlag, München 1986

Braun D./Cherdron H. Praktikum der makromolekularen organischen Chemie
Alfred Hüthig Verlag, Heidelberg 1979

Carlowitz B. Übersicht über die Prüfung von Kunststoffen
Kunststoff-Verlag, Isernhagen 1986

Carlowitz B. Kunststoff-Tabellen (3. Auflage)
Carl Hanser Verlag, München 1986

Domininghaus H.	Die Kunststoffe und ihre Eigenschaften VDI - Verlag, Düsseldorf 1986
Ebeling H. G.	Extrudieren von Kunststoffen Vogel Verlag, Würzburg 1974
Elias G. E.	Makromoleküle (5. Auflage) Alfred Hüthig Verlag, Heidelberg 1985
Glenz W. (Hrg)	Kunststoffe - ein Werkstoff macht Karriere Carl Hanser Verlag, München 1985
Gnauck B. / Fründt P.	Einstieg in die Kunststoffchemie Carl Hanser Verlag, München 1990
Hellerich W. / Harsch G. **Haenle S.**	Werkstoff-Führer Kunststoffe (5. Auflage) Carl Hanser Verlag, München 1989
Kämpf G.	Charakterisierung von Kunststoffen mit physikalischen Methoden Carl Hanser Verlag, München 1982
Käufer H.	Arbeiten mit Kunststoffen Springer Verlag Band I: Aufbau und Eigenschaften, Berlin 1978 Band II: Verarbeitung, Berlin 1981
Ludwig A.	Arbeiten mit Kunststoff im Werk- und Technikunterricht Otto Maier Verlag, Ravensburg 1979
Mack E. / Schäfers H.	Projektaufgaben der Kunststoffverarbeitung Vogel Verlag, Würzburg 1990
Mack E. / Schäfers H.	Arbeits- und Prüfungsbuch Kunststoffverarbeitung Vogel Verlag, Würzburg 1982
Mack E. / Schäfers H.	Programmierte Prüfungsfragen Kunststoffverarbeitung Vogel Verlag, Würzburg 1982
Menges G.	Einführung in die Kunststoffverarbeitung (2. Auflage) Carl Hanser Verlag, München 1986

Menges G.	Werkstoffkunde der Kunststoffe (3.Auflage) Carl Hanser Verlag, München 1990
Michaeli W. / Wegener M.	Einführung in die Technologie der Verbundwerkstoffe Carl Hanser Verlag, München 1989
Rao N. S.	Formeln der Kunststofftechnik Carl Hanser Verlag, München 1989
Reinking K. / Weirauch K.	Kunststoffchemie. Allgemeine Einführung in die Kunststoffchemie, Kunststoffgruppen Klett Verlag, Stuttgart 1981
Rink G. / Schwahn M.	Einführung in die Kunststoffchemie. Studienbücher Chemie Diesterweg Verlag, Frankfurt 1983
Röhmer F.	Kunststoffchemie - ein Fahrplan für Ihren Unterricht Lehrmittelbau Prof. Dr. Maey GmbH, Bonn 1982
Saechtling, H. -J.	Kunststoff-Taschenbuch (24. Auflage) Carl Hanser Verlag, München 1989
Schmayl W.	Kunststofftechnik. Einführung für die Sekundarstufe I Neckar-Verlag, Schwenningen 1984
Schwarz O.	Glasfaserverstärkte Kunststoffe Vogel Verlag, Würzburg 1975
Schwarz O.	Kunststoffe Vogel Verlag, Würzburg 1987
Schwarz O. / Ebeling F. W. / Lüpke G. / Schelter W.	Kunststoffverarbeitung Vogel Verlag, Würzburg 1986
Stoeckhert K. / Woebcken W.	Kunststoff-Lexikon Carl Hanser Verlag, München 1992
Wimmer D.	Kunststoffgerecht konstruieren Hoppenstedt, Technik Tabellen Verlag, Darmstadt 1989

VDI-K (Hrg)   Der moderne Spritzgiessbetrieb
                          Düsseldorf 1988

Vogelmayer A.   Arbeiten mit Kunststoffen. Fachliche Grundlagen und
                          ihre Umsetzung im Unterricht
                          R. Oldenbourg Verlag, München 1982

Glossário

ABS	Acrilonitrila - butadieno - estirol (copolímero amorfo)
Amorfo	Sem forma (regular), vítreo, não cristalino, um estado de elevada desordem ou sem estrutura
Anisotropia	As propriedades são dependentes da direção, isto é, são diferentes em todas as direções
Estado de agregação	Plásticos apresentam apenas dois estados de agregação: sólido e líquido. Os plásticos se deterioram antes de atingirem o estado gasoso
Bucha de injeção	É parte de um molde de injeção. Ela está situada no bico da unidade de injeção. Por ela flui o material para dentro do molde
CFK	O plástico reforçado com fibra de carbono é um material composto de fibras de carbono e uma matriz polimétrica.

Ligação química	Força de união entre os átomos nas moléculas exercida pelos pares de elétrons ou pelos íons
Deformação	É a variação no comprimento que um corpo experimenta quando tracionado em uma direção por ação de uma força
Deslaminação	Deslocamento da fibra de uma matríz ou uma trinca paralela a camada laminada em uma matriz
Destilação	Processo de separação mais importante na tecnologia química, pelo qual materiais fluidos ou fusíveis são separados de outros por evaporação seguido de condensação
Processo de dissipação	Atrito é transformado em calor
Durômero	É um polímero no qual as moléculas são encadeadas tridicionalmente por ligações covalentes
Módulo de elasticidade	É a relação constante entre tensão e deformação na faixa elástica de um material. Pode ser determinado em ensaios de tração, compressão ou dobra. Deve-se observar a dependência do tempo devido ao comportamento viscoelástico plástico
Reação exotérmica	Reação química com liberação de calor
Camada delgada (gel)	É a camada de resina, normalmente com cor, que protege a camada inferior de resina e fibra de vidro de influências externas, como por exemplo, choque, luz UV, produtos químicos, etc. Após a desmoldagem a camada delgada é o lado externo da peça. Por este motivo ela é colocada em primeiro lugar na ferramenta
Filamento	É uma fibra infinita com diâmetro determinado (DIN 61850). A seda é um exemplo de fibra natural
Temperatura de escoamento	Acima desta temperatura o termoplástico é transformável sob efeito de pequena força
Peça	É a peça de plástico produzida por moldagem, que normalmente pode ser utilizada sem retrabalho

Grupos funcionais	Grupos de átomos, que possuem uma capacidade de reação determinada pela ligação química e que permitem sua classificação em classes de metais com propriedades químicas conjugadas (grupos das hidroxilas no álcool, grupo das carboxilas nos ácidos orgânicos, grupo das aminas nas aminas)
GFK	O plástico reforçado com fibra de vidro é um material composto de fibra de vidro e uma matriz polimérica
Temperatura vítrea	Nesta temperatura (Tg) a faixa amorfa dos termoplásticos amolece
Granulado	Denomina-se o material de saída para a moldagem. É encontrado, geralmente, na forma de grãos cilíndricos
Endurecedor	É o segundo componente químico necessário para iniciar a reação de encadeamento do prepolímero, para possibilitar a produção de durômeros
Resina	É um material amorfo de condição entre macio e fino. Ressinas endurecíveis formam a base para os durômeros
Processo de injeção de resina	Com este processo são produzidas peças em resinas com ferramentas fechadas. Nas peças são inseridos materiais de reforço
Semi-manufaturado	Produto intermediário de plástico, por exemplo tubos e placas, que ainda serão processados (moldados) em produto final
Hidráulico	Que trabalha com a pressão de líquidos
Trocadores de íons	Materiais orgânicos e inorgânicos, que trocam seus próprios íons contra outros, sem modificar com isto sua estabilidade. Eles são usados por exemplo para retirar a dureza da água
Isotropia	As propriedades são totalmente independentes da direção, isto é, são iguais em todas as direções

Catálise	Catálise significa aceleração de uma reação química através de catalisadores (Katalysis = dissolução, decomposição)
Cavidade	Denomina-se o espaço oco em uma ferramenta, no qual o material será inserido
Cristalino	Construido de um grande número de pequenos cristais imperfeitos.
Temperatura de fusão do cristalino	Nesta temperatura (Tk) a faixa cristalina dos termoplásticos funde
Laminado	Caracteriza-se a matriz duromérica endurecida e o plástico resfriado composto de fibra (matriz termoplástica)
Matriz	É o material ao qual estão unidas as fibras
Materiais macromoleculares	Compõem-se de grandes moléculas em formato de fios ou tridimensionais com no mínimo 1.000 átomos. Aqui também fazem parte os materiais naturais como celulose e borracha
Molécula monômero	É a menor unidade de uma ligação química. É a pedra fundamental do qual as macromoléculas são produzidas. Por exemplo, o etileno é o monômero do polietileno (do grego, parte única)
Pressão de recalque	Recalca o material sobre a peça em solidificação. Desta forma a contração volumétrica da peça injetada é compensada durante o resfriamento e a estrutura é compactada
Ortotropia	Também é conhecida sobre o termo anisotropia ortogonal ou rômbica. As propriedades são dependentes da direção. Há uma simetria das propriedades em um sistema de três superfícies ortogonais

PC	Abreviatura do Policarbonato (termoplástico amorfo)
PE	Abreviatura do Polietileno (termoplástico semi-cristalino)
PEEK	Abreviaura do Polietereterketon (termoplástico semi-cristalino
PS	Abreviatura do polietersulfona (termoplástico amorfo)
Petroquímica	Termo universal para a técnica de transformação química ou físico-química do petróleo em matéria-prima básica
Plastificação	Denomina-se o processo de levar um plástico ao estado termoplástico através de introdução de calor. O calor pode ser gerado por aquecimento externo ou atrito interno
Polaridade	A formação de uma distribuição de cargas elétricas no interior das macromoléculas gera diferentes polaridades
Poliadição	Reação química, na qual os grupos funcionais/terminais de monômeros reagem entre si formando polímeros, por meio de migração de átomos de H (troca de posição)
Policondensação	Semelhante a poliadição, porém na reação há dissociação de água ou outra molécula. Não ocorre migração de átomos ou grupos de átomos
Polímero	Cadeias moleculares longas, formadas a partir de monômeros. As unidades de monômeros se repetem na cadeia
Polimerização	Denomina uma reação química, na qual o polímero é formado por dissolução da ligação dupla ($C = C$)
POM	Abreviatura do polioximetileno (termoplástico semi-cristalino), também chamado de poliacetal

PVC	Abreviatura da polivinilclorida (termoplástico amorfo)
Pirólise	É a decomposição térmica de ligação química
Refinação	Purificação de materiais naturais (açúcar, petróleo, etc..). A refinação ocorre em refinarias
Reciclagem	É o reaproveitamento de matéria. Por exemplo, podem ser recicladas as sobras do material no processo de injeção, as quais são reprocessadas em granulados e posteriormente reutilizadas no processo de injeção
RIM	"Reaction - Injection - Molding". Denomina um processo integrado de mistura e injeção para plásticos compostos
Matéria-prima	Material bruto, derivado de um material natural (por exemplo carvão, minério, madeira, pele, algodão mas também água e ar), para um produto artesanal ou industral
Fundido	Material em estado de fusão
Faixa de temperatura de fusão	É a faixa de temperatura (Tf), na qual um material passa de estado sólido para o fluído
Antichama	Extingue a queima de um plástico sem introdução de energia externa
Ponto de imobilização	Instante em que o material no canal atinge um resfriamento tal que não há mais escoamento
Sonotrodo	É a ferramenta na soldagem por ultrasson. O sonotrodo transmite as vibrações para a peça a ser soldada
Pressão de injeção	É a pressão que o parafuso imprime no material dentro do molde em um processo de injeção
Ciclo de injeção	O ciclo de injeção é a soma de todos os tempos do processo, necessários para a produção de uma peça

Estabilizadores	São aditivos químicos que tornam os plásticos resistentes a determinadas influências, como por exemplo, contra radiação ultra violeta, calor, oxidação e atmosfera
Síntese	Geração de ligações químicas a partir dos elementos químicos básicos
Termoplástico	Termoplástico que apresente áreas cristalinas e (semi-cristalino) amorfas
Unidirecional	Orientado em uma direção
Viscoelástico	Denomina o estado de um corpo que é tanto elástico (corpo de Hooker) bem como viscoso (corpo Newtoniano)
Celulose	É o carbohidrato mais utilizado. Algodão , linho e canhâmo são quase celolose pura
Temperatura de degradação	É a temperatura (Tz) na qual o material é degradado por decomposição química
Força de fechamento	Denomina a força que é necessária para manter a ferramenta fechada durante o enchimento ou a fase de endurecimento dos durômeros

Respostas dos Exercícios de Controle

Lição 1	1) durômero
	2) semi-cristalino
	3) fusíveis
	4) não são solúveis
	5) largamente
	6) não fusíveis
	7) mais leves
	8) mais baixa
	9) diferente
	10) bons
	11) permitem
Lição 2	1) gás natural
	2) craqueamento
	3) propileno
	4) cadeia
	5) polímero
	6) carbono (C)
	7) poli
	8) entrelaçadas
	9) carbono (C)
Lição 3	1) ligação dupla
	2) ligação
	3) copolímero
	4) polipropileno (PP)
	5) separação
	6) água
	7) dois ou mais
	8) policarbonato (PC)
	9) separação
	10) grupos funcionais
	11) resinas epóxi/EP
	12) compartilhamento

Lição 4	1) atômica
	2) intermoleculares
	3) maiores
Lição 5	1) semi-cristalino
	2) transparente
	3) fortemente
	4) não são fusíveis
	5) transparente à luz
Lição 6	1) resistência à tração
	2) estabilidade
	3) tenacidade
	4) +50
	5) abaixo
	6) -15
	7) amorfo
	8) rigidez
	9) encadeados
	10) +130
Lição 7	1) estabilidade
	2) 1.000
	3) dependente
	4) rastejamento
	5) aquecer-se
	6) orientações
	7) tempo/temperatura
	8) diagrama de tempo
	9) 5
	10) 50
Lição 8	1) leves
	2) 0,9 a 2,3
	3) 2.000
	4) pó de metal
	5) quase igual
	6) transparência

Lição 9	1) moldagem
	2) transformação
	3) colagem
	4) serra
	5) transformados
	6) soldagem
Lição 10	1) no processamento
	2) misturadores
	3) peso
	4) plastificação
	5) melhor do que
	6) moinhos de corte
Lição 11	1) continuamente
	2) a extrusora
	3) parafuso de três zonas
	4) alta
	5) a forma
	6) várias camadas
	7) sopro
Lição 12	1) moldagem
	2) produtos em massa
	3) tempo de ciclo
	4) peças prontas
	5) o molde
	6) contrai
	7) o resfriamento
	8) o parafuso
Lição 13	1) matriz
	2) 490.000
	\↑/
	3) ←→
	/↓\
	4.b) umedecer
	4.c) moldar
	4.d) endurecer
	5) laminação manual
	6.a) duromérico
	6.b) termoplástico

Lição 14	1) bolhas de ar
	2) mais leves que
	3) igualmente
	4) mais
	5) não é igual
	6) os mecanismos de condução
	7) à alta pressão
	8) injeção
Lição 15	1) aquecido
	2) termoplásticos
	3) a radiação infravermelha
	4) apenas um lado
	5) previamente estirado
	6) é menor que o
Lição 16	1) termoplástico
	2) não podem
	3) viscosidade e temperatura de fundido
	4) condução
	5) com gás quente
	6) interno e externo
	7) complicadas
Lição 17	1) pior
	2) deformação térmica
	3) menor que
	4) podem
	5) alta
	6) um fluido refrigerante
Lição 18	1) podem
	2) coesão e adesão
	3) limpas
	4) descascamento
	5) durômeros
	6) rapidamente

Lição 19	1) 7,5
	2) 4
	3) 1,7
	4) 43
	5) curta
	6) longa
	7) longa
	8) 45
	9) muito
	10) quase não apodrecem
	11) é preferível

Lição 20	1) energia e matéria-prima
	2) menor
	3) de material
	4) incinerados
	5) limpos
	6) puros
	7) PE
	8) também elevada
	9) sistema de entrega